U0363532

Tasty Food
食在好吃

267碗
好吃的面

杨桃美食编辑部 主编

江苏凤凰科学技术出版社
·南京·

图书在版编目（CIP）数据

267 碗好吃的面 / 杨桃美食编辑部主编 . — 南京：
江苏凤凰科学技术出版社 , 2015.7（2021.7 重印）

（食在好吃系列）

ISBN 978-7-5537-4480-3

Ⅰ . ① 2… Ⅱ . ①杨… Ⅲ . ①面条 – 食谱 Ⅳ .
① TS972.132

中国版本图书馆 CIP 数据核字 (2015) 第 091475 号

食在好吃系列

267碗好吃的面

主　　　编	杨桃美食编辑部	
责 任 编 辑	葛　昀	
责 任 监 制	方　晨	
出 版 发 行	江苏凤凰科学技术出版社	
出 版 社 地 址	南京市湖南路 1 号 A 楼，邮编：210009	
出 版 社 网 址	http://www.pspress.cn	
印　　　刷	天津丰富彩艺印刷有限公司	
开　　　本	718 mm × 1 000 mm　　1/16	
印　　　张	10	
插　　　页	4	
字　　　数	250 000	
版　　　次	2015年7月第1版	
印　　　次	2021年7月第5次印刷	
标 准 书 号	ISBN 978-7-5537-4480-3	
定　　　价	29.80元	

图书如有印装质量问题，可随时向我社印务部调换。

"面面俱到"，享不尽的美味

据悉，中国早在3000多年前的殷周时代，一些简单的面食文化便已经开始了。秦汉的统一，让各地的饮食有了融合的机会，再加上生产技术的提高以及原料的多样化，使得面食蓬勃发展起来，而面条也正式在此时期出现。到了唐宋，面条的种类开始多元化，有切成条的，也有拉成长条的，更有直接将面糊用汤匙一点一点拨入沸水中煮熟的。元代以后，各地的融合与东西的交流，使得面条的发展趋于成形，像山西刀削面、山东拉面等具有地方风味的面，在此时已经相当知名；面条的吃法也花样繁多，像素面、煎面、鸡丝面、冷面等近几十种。

根据文献记载，拉面在我国的兴起时期是明朝，而拉面是山东有名的主食之一，邻近山东的韩国，自然也就随着相互的交流而在面食上受到影响；至于日本的拉面（又名中华面）相传也是起源于中国，在日本江户时代经由往返中日两地的商人引进日本，并在日本人的生活饮食中占有重要的一席之地。其他如东南亚各国的面食，不论是制作方式还是吃法，也都随着移民者的脚步或是商旅的交流而受到中国面食文化的影响。

除了拉面，提到外国面条，很容易让人联想到的应该就是意大利面了。相传古罗马时代，当时的人们已经懂得将面粉与水和成的面团做成面皮，再制作成宽面条和方形的面饺皮。后来到中国旅游的马可·波罗回国时将中国面条带回去之后，才开始有了较具体的面条文化，并且逐渐取代其他食物，成为日常生活中的主食。十字军东征带动了东西商务交流，当时的商队必须在沙漠中行走多天，所以他们把容易变质的面食加以干燥，以便于携带和保存，干燥的意大利面这才出现。

本书所选的各种面，既有中式面条，也有国外面条，并按照其制作方法的不同，具体分为四章，第一章鲜美汤面，共介绍营养美味面68道；第二章爽口拌面，共介绍营养美味面65道；第三章香浓炒面，共介绍营养美味面102道；第四章焦香焗面，共介绍营养美味面32道。面条不仅做起来简单方便，其呈现方式也多种多样，不管是热腾腾的汤面，还是香浓爽口的干拌面，都是令人无法抗拒的美味。接下来跟我们一起来享用这"面面俱到"的美味吧！

目录 Contents

制作美味面的秘诀

PART 3
香浓炒面

PART 4
焦香焗面

单位换算	固体类 / 油脂类
	1茶匙 = 5克
	1大匙 = 15克
	1小匙 = 5克
	液体类
	1茶匙 = 5毫升
	1大匙 = 15毫升
	1小匙 = 5毫升
	1杯 = 240毫升

制作美味面的秘诀

　　想要做出美味的面，其实也不是什么难事，只要你掌握了其中的秘诀，你做的汤面将香味扑鼻，拌面和炒面将浓郁可口。下面我们就来看看是什么秘诀让你的面变得美味无比吧！

鲜味汤头

材料

猪骨 600 克，猪瘦肉 500 克，虾米 50 克，比目鱼 50 克，胡椒粒 20 克，水 2000 毫升

做法

❶ 猪骨、猪瘦肉氽烫洗净备用。

❷ 比目鱼用烤箱以200℃烤15分钟，待凉后碾碎。

❸ 将洗净的猪骨、猪瘦肉及碾碎的比目鱼与其余全部材料一起放入汤锅中，以小火熬煮约3小时后过滤即可。

咸味汤头

材料

鸡骨 800 克，鸡爪 400 克，猪皮 200 克，虾米、丁香鱼各 50 克，胡萝卜 1 根，蒜 15 克，葱、柴鱼片各 25 克，香菇 8 朵，冷水适量

做法

　　将所有材料处理干净切块，和冷水一起放入汤锅中，以中火熬煮约 3 小时即可。

药补汤头

材料

猪排骨 600 克，猪大骨 500 克，药炖排骨包 1 份，姜 20 克，米酒 20 毫升，水 1500 毫升

做法

❶ 将排骨与猪大骨氽烫洗净备用。

❷ 将所有的材料一起放入汤锅中熬煮约4小时即可。

越式汤头

材料

牛肉 500 克，牛骨 600 克，香茅 3 棵，柠檬叶 4 片，柠檬 1 个，水 3000 毫升

做法

将所有材料处理干净切成块，放入汤锅内，以中火熬煮，并且要不时捞起浮沫，煮约4小时即可。

备注：柠檬切片不去皮。

酱油汤头

材料

猪骨500克，鸡骨500克，梅花肉300克，洋葱1个，白萝卜1/2根，柴鱼片50克，水4000毫升，盐适量

做法

❶ 将所有材料处理干净切块，一起放入汤锅中，以小火熬煮1小时后，将梅花肉捞起抹盐备用。

❷ 然后继续以小火熬煮约1小时即可。

柴鱼高汤

材料

海带20克，柴鱼片30克，水1100毫升

做法

❶ 海带洗净，锅中加入1000毫升水与海带同煮至沸腾。

❷ 锅中再加入100毫升水和柴鱼片煮约2分钟，过滤取汤汁即可。

正油高汤

材料

猪大骨200克，猪蹄大骨100克，鸡骨架100克，鸡爪100克，洋葱50克，葱50克，圆白菜30克，胡萝卜30克，蒜20克，盐5克，水适量

做法

❶ 将猪大骨、猪蹄大骨、鸡骨架、鸡爪洗净，放入沸水中汆烫去血水，捞出洗净后备用。

❷ 将洋葱、葱、圆白菜、胡萝卜、蒜洗净，切大块备用。

❸ 将洗净切好的所有材料放大锅中，再加入适量水和盐以中火煮3~4小时即可。

味噌高汤

材料

猪大骨1000克，猪皮500克，猪瘦肉500克，洋葱2个，葱3棵，胡萝卜1根，大白菜1/2棵，海带30克，姜60克，味噌600克，水5000毫升

做法

将所有材料（味噌除外）处理洗净切块，放入汤锅中，大火熬煮约3小时，加入味噌，续煮至再度滚沸即可。

海带柴鱼高汤

材料

海带200克，柴鱼片50克，水2000毫升

做法

❶ 海带用布擦拭后，加水在锅中静置隔夜（或静置至少30分钟以上）。

❷ 将锅移到炉上煮至快沸腾时，马上取出海带，以免产生黏液使汤汁混浊，再放入柴鱼片续煮至出味（约30秒），捞除浮沫后熄火。

❸ 待锅中柴鱼片完全沉淀后，用细网或纱布过滤汤汁即可。

蚌面高汤

材料

水 1000 毫升，洋葱 1 个，圆白菜 100 克，姜片 10 克，葱 1 棵，鸡骨 100 克，猪骨 100 克，蛤蜊 50 克

做法

❶ 蛤蜊洗净，加入冷水和少许盐（材料外）拌匀，静置使其吐沙，约 2 小时后重复上述做法，再约 2 小时后洗净，沥干备用。

❷ 将鸡骨和猪骨氽烫去杂质后，洗净备用。

❸ 洋葱去皮洗净，切对半；圆白菜洗净，切成 4 块，备用。

❹ 取一汤锅，放入材料中的水煮沸后转小火，加入洗净的蛤蜊、猪骨、鸡骨、洋葱块、圆白菜块、姜片以及葱，以小火熬煮约 4 小时，过滤后取汤汁即为蚌面高汤。

肉骨茶汤

材料

猪大骨 500 克，猪骨 500 克，猪排骨 200 克，蒜 20 克，水 3000 毫升，肉骨茶药包 1 份，胡椒粒少许

做法

❶ 先将猪大骨、猪骨、猪排骨氽烫洗净。

❷ 再将洗净的猪大骨、猪骨、猪排骨与蒜、肉骨茶药包、胡椒粒一起放入锅内，加水以小火熬煮约 4 小时即可。

老鸡煨汤

材料

老母鸡 500 克，仿土鸡骨架 600 克，姜片 30 克，食用油 1 大匙，水 3000 毫升

做法

❶ 将老母鸡、仿土鸡骨架洗净，沥干水分，切大块备用；取一锅，待锅烧热后加入 1 大匙食用油，再放入姜片爆香，接着放入切好的鸡肉与鸡骨以大火炒约 3 分钟。

❷ 准备一干净砂锅，放入炒好的鸡肉与鸡骨，于砂锅内加入 3000 毫升水，用小火慢慢煨煮（不需加盖），煮至有浮沫出现时，捞掉浮沫，盖上锅盖，续以小火煮约 4 小时熄火，待凉后过滤出汤汁即可。

猪骨煨汤

材料

猪腿骨 2000 克，猪蹄 1/2 只，姜片 50 克，水 7000 毫升

做法

❶ 猪腿骨与猪蹄分别洗净、沥干，放入沸水中氽烫去杂质，捞起备用。

❷ 准备一干净砂锅，放入氽烫过的猪腿骨与猪蹄，再放入姜片，加入 7000 毫升水。

❸ 再以中火煮约 30 分钟，再盖上锅盖，转小火煨煮约 4 小时后熄火，待凉后过滤出汤汁即可。

泰式酸辣汤

材料

猪骨 800 克，虾壳 300 克，泰国辣椒 3 个，香茅 3 棵，西红柿 2 个，洋葱、柠檬各 1 个，辣椒膏 3 大匙，水 3000 毫升，香醋 80 毫升

做法

❶ 将猪骨氽烫洗净备用。

❷ 所有材料处理干净切块，放入汤锅中，加
入水、辣椒膏以小火熬煮2小时，加入香醋
即可。

鲜鱼煨汤

材料
黄鱼头骨架 300 克，黄鱼 1 条，鲈鱼 1 条，
姜 70 克，葱段 30 克，水 6000 毫升，食用
油适量

做法
❶ 将黄鱼、鲈鱼洗净，沥干；姜洗净，去皮
拍碎；黄鱼头骨架洗净、沥干，备用。

❷ 取一锅，将锅烧热后，放入食用油、黄
鱼，煎至两面酥黄后，盛起备用。

❸ 再于原锅中放入洗净的鲈鱼，同样煎至两
面酥黄后，续放入洗净的黄鱼头骨架及煎
好的黄鱼一起略炒。

❹ 准备一干净的砂锅，放入炒过的鲈鱼、黄
鱼头骨架和黄鱼，再加入葱段、姜末、
6000毫升的水，盖上锅盖（需留缝隙透
气，以防溢出）以中火煨煮约4小时后熄
火，待凉后过滤出汤汁即可。

红烧牛肉汤

材料
熟牛腱 1 个，葱 3 棵，牛脂肪 50 克，姜 50 克，
红葱头 3 个，蒜 10 克，花椒 1/4 小匙，牛骨
高汤 3000 毫升，食用油少许，豆瓣酱 2 大匙，
盐 1 小匙，白糖 1/2 小匙

做法
❶ 将熟牛腱切成小块；葱洗净切小段；姜洗
净去皮拍碎；红葱头去皮洗净切末；蒜洗
净切成细末备用。

❷ 将牛脂肪放入沸水中汆烫去脏，捞出沥干
后切成小块备用。

❸ 热一锅，锅内加少许食用油，放入切好的
牛脂肪翻炒至牛脂肪呈现焦黄干的状态；
放入葱段，以小火炒至葱段呈金黄色，下
姜末、红葱头末、蒜末，炒约1分钟；再放
入花椒、豆瓣酱与牛腱肉块，续以小火炒
约3分钟，最后加入牛骨高汤煮沸。

❹ 将煮好的汤料倒入不锈钢汤锅内以小火焖
煮约1小时后，捞除较大的姜末、葱段及花
椒等材料，最后加入盐和白糖，煮至再度
滚沸即可。

清炖牛肉汤

材料

牛肋条 300 克，白萝卜 100 克，姜 50 克，葱 2 棵，花椒 1/4 小匙，胡椒粒 1/4 小匙，牛骨高汤 3000 毫升，盐 1 大匙，米酒 1 大匙

做法

❶ 牛肋条放入沸水中汆烫去污血，捞出后切成 3 厘米长的小段备用。

❷ 白萝卜洗净去皮切片，并放入沸水中汆烫；姜洗净去皮后切成片；葱洗净切段。

❸ 将牛肋条段、白萝卜片、姜片、葱段与花椒、胡椒粒放入电饭锅中，再加入盐、米酒与牛骨高汤；在外锅加入 1 杯水，按下开关炖煮，开关跳起后再加入适量水续煮，连续煮约 2.5 小时即可。

备注：也可将所有处理好的材料一起放入汤锅中，以小火炖煮约 2.5 小时即可。

药膳牛肉汤

材料

牛肋条 300 克，牛骨高汤 3000 毫升，米酒 200 毫升，盐 1 大匙

药材

当归 3 片，川芎 4 片，茯苓 4 克，甘草 3 克，熟地 6 克，红枣 8 颗，桂枝 5 克，白芍 3 克，党参 5 克

做法

❶ 牛肋条放入沸水中汆烫去污血，捞出后切成 3 厘米长的小段备用。

❷ 所有药材用水洗净后，捞出沥干，并浸泡在牛骨高汤里 30 分钟。

❸ 将牛肋条块、洗净的药材、牛骨高汤与米酒放入电饭锅，外锅加入适量水，按下开关炖煮；开关跳起后再加入适量水续煮，连续炖煮约 3 小时，起锅前加盐调味即可。

西红柿牛肉汤

材料

熟牛肉 300 克，西红柿 500 克，洋葱 1/2 个，牛脂肪 50 克，姜 50 克，红葱 30 克，牛骨高汤 3000 毫升，食用油少许，盐 1 小匙，白糖 1 大匙，番茄酱 2 大匙，豆瓣酱 1 大匙

做法

❶ 熟牛肉切块；洋葱洗净切末；西红柿洗净切小丁；姜与红葱去皮洗净后切末备用。

❷ 将牛脂肪放入沸水中氽烫去脏，再捞出沥干后，切小块备用。

❸ 热一锅，锅内加少许食用油，放入牛脂肪块翻炒至出油，再炒至牛脂肪呈现焦黄干的状态，即可放入姜末、红葱末与洋葱末一起炒香，再放入豆瓣酱及西红柿丁略炒，最后加入熟牛肉块再炒约2分钟。

❹ 将牛骨高汤倒入锅内，以小火煮约1小时后，加入盐、白糖、番茄酱再煮15分钟。

麻辣牛肉汤

材料

熟牛腿肉 1 块，葱 1 棵，牛脂肪、姜各 50 克，红葱头 3 个，蒜 10 克，花椒 1 小匙，干辣椒 6 个，牛骨高汤 3000 毫升，食用油少许，盐 1/2 小匙，白糖 1 小匙，辣豆瓣酱 2 大匙

做法

❶ 将熟牛腿肉切成小块；葱洗净切小段；姜洗净后去皮拍碎；红葱头去皮洗净切末；蒜洗净切成细末备用。

❷ 将牛脂肪放入沸水中氽烫去脏，捞出沥干后切成小块备用。

❸ 热一锅，锅内加少许食用油，放入牛脂肪翻炒至出油，再炒至牛脂肪呈现焦黄干的状态，放入花椒略炒，即可放入葱段；以小火炒至葱段呈金黄色，再放入干辣椒炒至棕红色，最后放入姜末、红葱头末、蒜末炒约2分钟。

❹ 再加入辣豆瓣酱以小火炒约1分钟，放熟牛腿肉块炒约3分钟，最后加入牛骨高汤。

❺ 将汤料全部倒入汤锅内以小火炖煮约1小时，加入盐和白糖再煮30分钟即可。

酸菜牛肉汤

材料

牛腿肉 300 克，酸菜心 150 克，姜 50 克，葱 2 棵，牛骨高汤 3000 毫升，盐 1/4 小匙，米酒 1 大匙

做法

❶ 牛腿肉放入沸水中氽烫去脏后，捞出沥干，切成6厘米×3厘米大小的块备用。

❷ 酸菜心以清水冲洗干净后切成长方片；姜洗净去皮切片；葱洗净切段备用。

❸ 依次将酸菜心片、牛腿肉块、姜片、葱段放入电饭锅，再加盐、米酒和牛骨高汤。

❹ 在电饭锅外锅倒入适量水，按下开关炖煮，开关跳起后再加入适量水续煮，连续煮约2.5小时即可。

白酱

材料

洋葱1/2个，西芹2根，蒜3瓣，白酒100毫升，鲜奶1大匙，鸡高汤300毫升，月桂叶2片，百里香1根，橄榄油1大匙，盐少许

面糊材料

奶油1大匙，面粉3大匙，水适量

做法

❶ 洋葱切末；西芹去叶后洗净，切成细丁；蒜切片，备用。

❷ 取一锅，放入奶油烧热，再加入面粉略炒，加水混合拌匀呈浓稠状，即为面糊。

❸ 取一炒锅，倒入橄榄油，放入洋葱末、西芹丁和蒜片先炒香，再放月桂叶、百里香、白酒、鸡高汤煮至食材软，然后放盐和面糊，最后加鲜奶边煮边搅至浓稠即可。

素食白酱

材料

土豆1个，西芹、百里香各2根，茴香头200克，油渍朝鲜蓟1大匙，橄榄油1大匙，月桂叶2片，奶油1大匙，鲜奶油200毫升，面糊2大匙，盐、黑胡椒粒、水各适量

做法

❶ 将西芹洗净切丁；土豆洗净去皮切丁；油渍朝鲜蓟取出滤油切丁；百里香、茴香头洗净切碎，备用。

❷ 炒锅先加入橄榄油，再加入做法1的材料，以中火爆香。

❸ 将月桂叶、奶油、鲜奶油、盐、黑胡椒粒、水一起加入，煮至所有蔬菜软化。

❹ 最后加入面糊，煮至酱汁变稠状即可。

青酱

材料

罗勒50克，松子1大匙，橄榄油200毫升，冰块3块，蒜末适量，盐少许，黑胡椒粉少许，帕玛森奶酪1大匙

做法

❶ 先将松子放入搅拌机中，均匀地打成碎末状，再放入蒜末一起搅打均匀。

❷ 接着放入罗勒和水，一起搅打均匀。

❸ 再放入冰块和橄榄油继续搅打均匀。

❹ 最后加入盐、黑胡椒粉和帕玛森奶酪搅打均匀即可。

素食青酱

材料

茴香头 250 克，罗勒 150 克，西芹 1 根，香芹 2 根，帕玛森奶酪粉 1 大匙，松子 50 克，橄榄油 130 毫升，冰块 5 块，盐少许，黑胡椒粒少许，开水适量

做法

❶ 将茴香头、西芹、香芹洗净切成碎状；罗勒摘叶子洗净，备用。

❷ 将橄榄油、松子、冰块、盐、黑胡椒粒、帕玛森奶酪粉、开水依序加入搅拌机中，再加入做法1中的材料，搅拌均匀即可。

红酱

材料

西红柿 1 个，洋葱 1/3 个，西芹 1 根，蒜 2 瓣，橄榄油 1 大匙，西红柿糊 1 小匙，番茄酱 1 大匙，罐头去皮西红柿 100 克，罗勒 2 根，盐少许，黑胡椒粒少许，月桂叶 1 片，意大利综合香料 1 小匙，水少许，白糖少许

面糊材料

奶油 1 大匙，面粉 3 大匙，水适量

做法

❶ 取一锅，先放入奶油烧热，再加入面粉略炒，接着放入水，混合搅拌均匀呈浓稠状，即为面糊，备用。

❷ 西红柿洗净切丁，罐头去皮西红柿切细丁；洋葱去皮洗净切丁；西芹去叶后洗净，切细丁；蒜洗净切片，取一平底锅，倒入橄榄油，放入洋葱丁、西芹丁炒香。

❸ 加入西红柿丁拌炒，续放入罐头西红柿丁、蒜片、西红柿糊、番茄酱和水，拌煮至食材均匀软化且酱汁稍稠。

❹ 加入黑胡椒粒、盐、白糖、月桂叶、面糊拌煮均匀，再加入意大利综合香料和罗勒，以小火煮至酱汁浓稠即可。

素食红酱

材料

西红柿 2 个，西芹 2 根，香芹 2 根，胡萝卜 1/2 根，罐头去皮西红柿 500 克，罗勒 2 根，百里香 2 根，橄榄油 1 大匙，番茄酱 2 大匙，月桂叶 2 片，面糊 2 大匙，水 500 毫升，盐少许，黑胡椒粒少许，白糖少许

做法

❶ 将西红柿、胡萝卜、西芹分别洗净切丁，罐头去皮西红柿切成丁，香芹与百里香洗净切碎，罗勒洗净备用。

❷ 炒锅先加入橄榄油，再加入做法1的材料（罗勒除外），以中火爆香。

❸ 再加入番茄酱、月桂叶、水、盐、黑胡椒粒、白糖，煮至酱汁出味。

❹ 最后加入面糊让酱汁变稠，再放入罗勒调味即可。

桑葚陈醋酱

材料

青酱 2 大匙，桑葚 1 小匙，蒜末 1/2 小匙，意大利陈年酒醋 1/2 小匙，橄榄油少许

做法

❶ 锅烧热，放入少许橄榄油，以小火炒香蒜末和桑葚。

❷ 放入青酱和意大利陈年酒醋拌匀即可。

莳萝酱

材料

奶油 50 克，蒜片 3 克，月桂叶 1 片，白酒 100 毫升，牛排酱 2 小匙，番茄酱 2 小匙，酱油 1 小匙，高汤 250 毫升，干燥莳萝碎 1 小匙，新鲜莳萝碎、玉米粉、盐、白糖、黑胡椒粉各适量

做法

1 热锅后放入奶油，将蒜片加入爆香。

2 放月桂叶、白酒、牛排酱、番茄酱、酱油、高汤、干燥莳萝碎煮1分钟。

3 材料煮沸后放入盐、白糖、黑胡椒粉调味，并加入玉米粉勾芡。

4 起锅前加入新鲜莳萝碎增添香味即可。

茄汁肉酱

材料

牛绞肉 300 克，猪绞肉 300 克，番茄酱 1 罐，蒜末 3 克，洋葱末 50 克，西芹碎 50 克，胡萝卜碎 30 克，月桂叶 1 片，红酒 120 毫升，牛高汤 2000 毫升，橄榄油 1 大匙，盐、胡椒粉各适量

做法

1 取一深锅，倒入橄榄油加热后，放入蒜末以小火炒香，再放入洋葱末炒至软化，再放入西芹碎及胡萝卜碎炒软。

2 锅中放入牛绞肉、猪绞肉炒至干松后，放入月桂叶、红酒以大火煮沸让酒精蒸发。

3 转小火，放入番茄酱、牛高汤继续熬煮约30分钟至汤汁收干为2/3量时，再加盐、胡椒粉调味即可。

莎莎酱

材料

洋葱末 120 克，果糖 5 大匙，西红柿丁 350 克，番茄酱 2 大匙，美国辣椒籽 2 大匙，柠檬汁 2 大匙

做法

将所有材料放入容器中，混合拌匀即可。

PART 1

鲜美汤面

　　汤面是由弹性十足的面条搭配新鲜营养的食材、变化多端的汤头或高汤做出来的，不仅制作方法简单易学，营养也非常全面。在寒冷的季节里，来一碗热气腾腾的汤面，真是让人无法抗拒的人间美味啊！

阳春面

材料
粗阳春面150克，小白菜35克，葱花、油葱酥各适量，高汤350毫升

调料
盐1/4小匙，鸡精少许

做法
① 小白菜洗净、切段，备用。
② 粗阳春面放入沸水中搅散后等水开再煮约1分钟，再放入小白菜段汆烫一下马上捞出，沥干放入碗中。
③ 把高汤煮开，加入所有调料拌匀，放入面碗中，再放入葱花、油葱酥即可。

切仔面

材料
油面200克，韭菜20克，豆芽20克，熟猪瘦肉150克，高汤300毫升，香菜少许

调料
盐1/4小匙，鸡精、胡椒粉各少许

做法
① 韭菜洗净、切段；豆芽去根部洗净，与韭菜段一起放入沸水中汆烫至熟捞出；熟猪瘦肉切片，备用。
② 把油面放入沸水中汆烫一下，沥干后放入碗中，加入汆烫过的韭菜段、豆芽与熟猪瘦肉片。
③ 把高汤煮开后，加入所有调料拌匀，放入面碗中，再加入香菜即可。

榨菜肉丝面

材料
细阳春面100克，葱花适量，榨菜丝250克，猪瘦肉丝150克，蒜末1大匙，红辣椒圈5克，食用油适量，大骨高汤1100毫升

调料
盐1/2小匙，白糖、鸡精各1小匙，米酒1大匙，香油适量

做法
❶ 热锅加油，爆香红辣椒圈、榨菜丝、蒜末，放入猪瘦肉丝及少许盐、白糖、米酒、香油、100毫升高汤炒至汤汁收干。

❷ 加入剩余盐、鸡精及高汤煮至沸腾，即为榨菜肉丝汤头。

❸ 将细阳春面放入沸水中氽烫约1分钟，捞起沥干放入碗中，加入适量榨菜肉丝汤头，最后撒上葱花即可。

担仔面

材料
油面150克，鲜虾1只，卤蛋1个，肉臊30克，蒜泥、葱花、红葱酥各5克，高汤、韭菜段、豆芽、香菜各适量

调料
蒸鱼酱油15毫升

做法
❶ 油面与洗净的豆芽、韭菜段放入沸水中氽烫至熟，捞出放入碗内。

❷ 鲜虾去虾线、去壳（尾保留）洗净，放入沸水中烫熟，捞出备用。

❸ 于面碗中加入肉臊、高汤、蒜泥、葱花、红葱酥、蒸鱼酱油拌匀，再放上烫熟的鲜虾、卤蛋和香菜即可。

什锦汤面

材料
熟油面100克，圆白菜50克，胡萝卜片10克，葱段25克，蒜末5克，猪肉片50克，猪肝片50克，墨鱼片50克，蛤蜊100克，鲜虾60克，高汤500毫升，食用油适量

调料
盐、鸡精、酱油各1/2小匙，陈醋1/2大匙，胡椒粉少许，米酒1小匙

做法
❶ 鲜虾洗净、去虾线、去须；蛤蜊泡水去沙、洗净；圆白菜洗净切小片，备用。

❷ 热一炒锅，加入食用油，爆香蒜末、葱段，加入猪肉片、猪肝片、墨鱼片翻炒一下，加入胡萝卜片、圆白菜片炒至微软。

❸ 加入洗净的蛤蜊、鲜虾与高汤及所有调料煮匀，把油面放入煮好的什锦汤中即可。

咖喱海鲜面

材料
细拉面150克，虾仁3只，鲷鱼片50克，蛤蜊100克，洋葱20克，上海青20克，高汤350毫升，食用油适量

调料
咖喱粉1/2小匙，盐1/2小匙

做法
❶ 洋葱洗净切丝；上海青洗净；鲷鱼片洗净切小片，加少许盐（分量外）抓匀腌制约15分钟；虾仁去虾线洗净，备用。

❷ 锅中加适量水烧开，将细拉面煮熟捞起，放入碗中。

❸ 热锅，加入食用油，加入洋葱丝炒香，加入盐、咖喱粉、高汤煮沸，再放入洗净的蛤蜊、上海青、鲷鱼片及虾仁煮沸。

❹ 最后将煮熟的细拉面放入即可。

牡蛎面

材料
粗油面200克，牡蛎100克，韭菜段30克，油葱酥适量，高汤350毫升，红薯粉适量

调料
盐1/4小匙，鸡精、米酒、白胡椒粉各少许

做法
❶ 牡蛎洗净、沥干，放入红薯粉中拌匀（让牡蛎表面均匀裹上红薯粉即可），放入沸水中汆烫至熟，捞出备用。

❷ 把油面与韭菜段放入沸水中汆烫一下，捞出放入碗中，再放入烫熟的牡蛎。

❸ 把高汤煮开后加入所有调料拌匀，接着倒入面碗中，最后放入油葱酥即可。

鱼汤面

材料
熟拉面150克，鲜鱼肉150克，鲷鱼片100克，上海青2棵，鱼板1片，姜片20克，葱段10克

调料
盐1/2小匙

做法
❶ 鲜鱼肉洗净切块，入沸水汆烫至表面变白，捞出；上海青洗净。

❷ 锅中加适量水煮沸，加入鲜鱼块、姜片及葱段，小火煮30分钟，以滤网取出高汤。

❸ 鲷鱼片洗净切小片，加1/4小匙盐（分量外）抓匀腌制约15分钟，备用。

❹ 取约350毫升鲜鱼高汤煮沸，加入洗净的上海青、腌好的鲷鱼片、鱼板及盐，煮至鲷鱼片变白、熟透，倒入装有熟拉面的碗中即可。

虾汤面

📋 材料
细拉面100克,鲜虾3只,上海青3棵,鱼板1片,高汤400毫升,食用油适量

🧂 调料
盐1/2小匙,白胡椒粉1/2小匙

🍲 做法
❶ 鲜虾洗净剥壳,保留虾仁、虾头和虾壳;上海青洗净,备用。

❷ 热锅,加入食用油,加入虾头与虾壳以小火炒香,加入高汤煮约15分钟,加入白胡椒粉调匀,滤除虾壳即为虾高汤。

❸ 备一锅沸水,将细拉面煮熟捞起,放入碗中备用。

❹ 将虾高汤煮沸,加入洗净的上海青、虾仁、鱼板及盐,煮至虾仁熟透,倒入面碗内即可。

广式云吞面

📋 材料
拉面150克,青菜适量,鲜虾云吞4个,鲜味汤头500毫升,韭黄10克

🧂 调料
盐、鸡精各1/2小匙,胡椒粉、香油各少许

🍲 做法
❶ 将拉面及洗净的青菜烫熟放入碗内备用。

❷ 将鲜虾云吞用沸水煮约3分钟后捞起放入面碗内。

❸ 鲜味汤头加入盐、鸡精、胡椒粉调味,倒入面碗里,再将韭黄洗净切成小段撒上,再滴上少许香油即可。

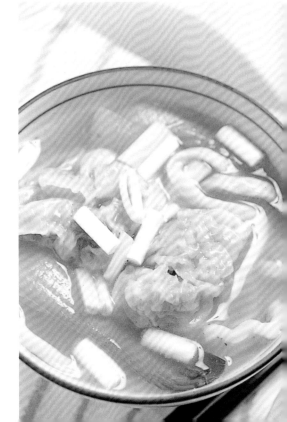

西红柿面

材料
阳春面150克，葱2棵，洋葱1/4个，西红柿2个，柳松菇50克，青菜少许，综合高汤200毫升，食用油适量

调料
盐少许

做法
❶ 葱洗净切段；洋葱去皮洗净切丝；西红柿洗净去皮切片备用。

❷ 起油锅，爆香葱段及洋葱丝，放入综合高汤煮开，再加入西红柿片，转小火续煮至出味后，加盐调味，再放入洗净的柳松菇、青菜续煮。

❸ 阳春面烫熟，沥干放入锅中，稍微搅拌熄火起锅即可。

排骨面

材料
熟细面100克，排骨肉1片，猪高汤250毫升，葱花、红薯粉、上海青、食用油各适量

调料
盐少许

腌料
酱油、米酒各1大匙，白糖8克，胡椒粉、蒜末各少许

做法
❶ 排骨肉洗净，用刀背拍松，与所有腌料一起拌匀，腌制30分钟；上海青洗净备用。

❷ 将腌好的排骨肉放入红薯粉中拌匀，放入170~180℃的油中炸熟备用。

❸ 细面与烫熟的上海青放入碗中，加入猪高汤、盐调味，撒上葱花，再将炸好的排骨肉切长条，摆放于面上即可。

炝锅面

📋 材料
阳春面100克，葱2棵，西红柿1个，鸡蛋1个，猪肉片50克，综合高汤250毫升，青菜、食用油各适量

🧂 调料
酱油、米酒各1大匙

🍲 做法
❶ 葱洗净切段；西红柿洗净切片；青菜洗净；鸡蛋打散成蛋液备用。

❷ 起油锅爆香葱段，加入猪肉片炒熟，再加入西红柿片续炒至软，倒入蛋液待稍微凝固再翻炒几下。

❸ 沿着锅边炝米酒并淋上酱油，炒出香味，再加入综合高汤煮开。

❹ 将阳春面烫熟，沥干后放入锅中，并加入洗净的青菜一起稍煮后熄火即可。

鹅肉面

📋 材料
油面200克，熟鹅肉100克，姜丝少许，葱1棵，高汤500毫升

🧂 调料
鸡精、盐各1/4小匙，胡椒粉、香油各少许

🍲 做法
❶ 葱洗净切葱花；熟鹅肉切片，备用。

❷ 将高汤煮开，加入鸡精和盐拌匀，备用。

❸ 煮一锅水，待水开后，放入油面拌散汆烫，立即捞起沥干，盛入碗中。

❹ 于面碗中放入葱花、鹅肉片、姜丝，淋入适量煮好的高汤汁，最后加入香油及胡椒粉增味即可。

鸡丝面

材料
鸡丝面100克，鸡蛋1个，油麦菜40克，高汤300毫升，油葱酥少许

调料
盐、鸡精、胡椒粉各少许

做法
❶ 油麦菜洗净；取一碗加入约5毫升水，打入鸡蛋，放入沸水锅中，加入少许盐（分量外），以小火煮约2分钟成蛋包，备用。
❷ 把鸡丝面与洗净的油麦菜放入沸水中氽烫一下，捞出后放入碗中，再加入蛋包。
❸ 把高汤煮开，加入所有调料拌匀，接着放入面碗中，再加上油葱酥即可。

锅烧意大利面

材料
炸意大利面100克，鲜虾2只，蛤蜊75克，鱼板2片，墨鱼3片，上海青50克，鲜香菇1朵

调料
盐、鸡精各1/2小匙，胡椒粉少许

做法
❶ 鲜虾用牙签挑出虾线洗净；上海青、鲜香菇去头、洗净，备用。
❷ 煮一锅600毫升的水，待水开后，放入洗净的鲜虾、鲜香菇、蛤蜊、墨鱼、鱼板与炸意大利面。
❸ 接着放入全部调料，以及洗净的上海青，待再次煮开拌匀即可。

肉羹面

材料
熟全麦面100克，里脊肉、白菜段各100克，鱼浆100克，柴鱼20克，香菇丝30克，香菜、水淀粉、淀粉各少许

调料
盐、白糖各3克，陈醋5毫升

腌料
白糖15克，米酒15毫升，香蒜油12毫升，白胡椒粉少许

做法
❶ 里脊肉洗净切丝，放入腌料中腌制入味后拌入淀粉，再裹上鱼浆，放入沸水中煮至浮起捞出，保留汤汁。
❷ 汤汁煮沸，放入柴鱼、白菜段、香菇丝、适量白糖、陈醋及盐拌匀，以水淀粉勾芡，加入里脊肉，放入面条和香菜即可。

马鲛鱼羹面

材料
熟油面150克，马鲛鱼条300克，大白菜丝、黑木耳丝各50克，鱼高汤500毫升，姜末、蒜泥、香菜、红薯粉、水淀粉、食用油各适量

调料
陈醋、米酒各10毫升，香油、盐各1小匙，白糖1大匙，胡椒粉2小匙

腌料
葱段60克，姜片40克，胡椒粉、米酒各适量

做法
❶ 马鲛鱼条加腌料腌30分钟，沾红薯粉，放入170℃的油锅中，炸至呈金黄酥脆即可。
❷ 鱼高汤煮沸，加入大白菜丝、黑木耳丝、姜末、盐、白糖、胡椒粉、米酒煮沸，以水淀粉勾芡，加入马鲛鱼条、蒜泥、陈醋与香油拌匀，放入熟油面及香菜即可。

沙茶羊肉羹面

📋 材料
油面200克，羊肉片100克，熟笋丝20克，高汤500毫升，蒜末、水淀粉、罗勒、食用油各适量

🔖 调料
沙茶酱、鸡精、盐各适量，米酒1小匙，酱油1/2大匙，白糖1/2小匙

📖 做法
❶ 热锅，加入适量食用油，爆香部分蒜末，加入羊肉片拌炒，续加入适量盐、沙茶酱、米酒炒熟后盛起。

❷ 重新加热原锅，放入食用油爆香剩余蒜末，加入剩余沙茶酱炒香，再倒入高汤、熟笋丝及剩余盐、酱油、白糖、鸡精煮开，用水淀粉勾芡，即为羹汤。

❸ 将油面煮熟后盛入碗中，加入炒熟的羊肉片、羹汤及洗净的罗勒即可。

鱼酥羹面

📋 材料
油面150克，鱼酥10片，香菇3朵，笋丝50克，干黄花菜10克，柴鱼片8克，油蒜酥10克，高汤200毫升，香菜叶少许，水75毫升

🔖 调料
盐、白糖各1小匙，淀粉50克

📖 做法
❶ 香菇洗净泡软切丝；干黄花菜洗净泡软去蒂，与香菇丝和笋丝一起放入沸水中氽烫至熟，捞起放入盛有高汤的锅中以中大火煮沸，加入盐、白糖、柴鱼片、油蒜酥续以中大火煮沸。

❷ 将淀粉和水调匀，一边搅拌一边淋入锅中，待再次煮沸后盛入碗中，并趁热加入鱼酥和香菜叶即为羹汤。

❸ 将油面氽烫熟，加入羹汤即可。

香菇肉羹面

📋 材料
熟细油面、肉羹各200克，香菇丝20克，红葱末、蒜末各5克，胡萝卜丝15克，熟笋丝20克，高汤700毫升，水淀粉、香菜、食用油各适量

📋 调料
生抽1大匙，盐、香油、陈醋、胡椒粉各少许，冰糖1/3大匙

📋 做法
1. 锅加入食用油，爆香红葱末、蒜末后取出。
2. 原锅中放入香菇丝炒香，加入高汤，放入胡萝卜丝、熟笋丝煮开，加入做法1的材料及生抽、盐、冰糖，以水淀粉勾芡。
3. 肉羹汆烫30秒，捞出放入熟细油面的碗中。
4. 在肉羹面碗中加入适量做法2的材料，再加香油、陈醋、胡椒粉拌匀，撒上洗净的香菜即可。

大面羹

📋 材料
面条200克，猪肉末180克，红葱末30克，虾米10克，碎萝卜干100克，（烫熟）韭菜段80克，食用油适量

📋 调料
酱油2大匙，米酒1小匙，白糖1/2小匙，胡椒粉、陈醋各少许

📋 做法
1. 热锅加入食用油，爆香部分红葱末，加入猪肉末炒散，加入酱油、米酒、白糖和500毫升清水煮开，再转小火煮40分钟，即为肉臊；另起油锅，加入剩余红葱末、虾米炒香，放入碎萝卜干、胡椒粉炒香，即为配料。
2. 面条切段后煮熟至汤黏稠，加适量肉臊、配料、韭菜段，再添加少许陈醋即可。

沙茶鱿鱼羹面

材料
油面150克，鱿鱼羹适量，白萝卜丝100克，笋丝50克，干黄花菜10克，柴鱼片8克，高汤200毫升，罗勒5克

调料
盐1小匙，白糖、酱油各1/2小匙，沙茶酱2大匙，水淀粉少许

做法
❶ 黄花菜泡软洗净去蒂，和笋丝、白萝卜丝一起入沸水中氽烫至熟，捞出放入高汤中以中大火煮开，加入盐、白糖、酱油和柴鱼片煮沸。
❷ 以水淀粉勾芡，加入沙茶酱和鱿鱼羹拌匀，即为沙茶鱿鱼羹。
❸ 油面放入沸水中氽烫，捞起，盛入碗中，加入适量的沙茶鱿鱼羹及洗净的罗勒即可。

韩国鱿鱼羹面

材料
油面150克，泡发鱿鱼1只，金针菇30克，干黄花菜10克，胡萝卜丝50克，柴鱼片8克，高汤200毫升，香菜少许

调料
盐1.5小匙，白糖1小匙，鸡精1/2小匙，水75毫升，水淀粉、辣油各少许

做法
❶ 泡发鱿鱼洗净，头切段，身体先切花纹，再切片，加入适量盐（分量外）略腌。
❷ 金针菇洗净；干黄花菜泡软洗净去蒂；二者和胡萝卜丝一起放入高汤中煮沸，加入盐、白糖、鸡精、柴鱼片、鱿鱼片煮沸。
❸ 以水淀粉勾芡，淋上辣油即为韩国鱿鱼羹；将油面煮熟后盛入碗中，放入韩国鱿鱼羹、香菜即可。

台式海鲜汤面

📋 材料

拉面	150 克
鲷鱼片	60 克
墨鱼	30 克
蛤蜊	75 克
牡蛎	20 克
圆白菜	30 克
胡萝卜	10 克
葱	1 棵
高汤	350 毫升

🧂 调料

盐	1/2 小匙

🍲 做法

❶ 蛤蜊洗净加入冷水和少许盐（分量外）拌匀，静置使其吐沙，2小时后，重复上述做法，再过2小时后洗净蛤蜊，沥干备用。

❷ 圆白菜洗净切丝；胡萝卜去皮，洗净切丝；葱洗净切成段。

❸ 墨鱼撕去表层薄膜，洗净切段；鲷鱼片洗净切片，加1/4小匙盐（分量外）抓匀腌制；牡蛎洗净。

❹ 将洗净的墨鱼段、牡蛎及腌好的鲷鱼片放入沸水中汆烫后捞起，备用。

❺ 将高汤煮沸，放入拉面煮约2分钟，再加入汆烫过的墨鱼段、鲷鱼片、牡蛎及洗净的蛤蜊、圆白菜丝、胡萝卜丝，再加入盐调味，煮至蛤蜊张开再加入葱段，倒入面碗内即可。

韩式冷汤面

材料
荞麦面150克，牛高汤300毫升，白芝麻1大匙，牛肉片5片，冰块1杯，海带芽、辣萝卜干、小黄瓜丝各少许

调料
韩国辣椒粉1大匙

做法
❶ 将荞麦面烫熟、冲凉，放在碗中；海带芽洗净泡软，备用。

❷ 牛高汤冰凉后，捞除表面油脂再加热，并放入韩国辣椒粉调味。

❸ 待牛高汤煮开，将牛肉片放入烫熟后熄火，倒入另一个碗中，放入冰块降温待凉，再放入烫熟的荞麦面、洗净的海带芽、辣萝卜干、小黄瓜丝及白芝麻即可。

酸辣汤面

材料
熟手工面175克，蒜末、姜末、葱末、辣椒末各5克，猪肉丝100克，胡萝卜丝15克，黑木耳丝、熟笋丝、酸菜丝各25克，蛋液50克，高汤500毫升，水淀粉、香菜、食用油各适量

调料
盐、鸡精各1/2小匙，白糖、辣椒酱、陈醋各1/2大匙，白醋1大匙，香油、胡椒粉各少许

做法
❶ 热油锅爆香蒜末、姜末、葱末、辣椒末，加入猪肉丝炒至肉色变白后取出。

❷ 重新加热原锅，倒入高汤煮开，再加入胡萝卜丝、黑木耳丝、熟笋丝、酸菜丝拌煮，加入调料及猪肉丝，煮开后用水淀粉勾芡，并倒入蛋液拌匀，即为酸辣汤。

❸ 熟手工面条中加入酸辣汤，撒上香菜即可。

酸菜辣汤面

材料
油面100克，酸菜末50克，辣椒丝10克，葱花5克，高汤300毫升，食用油适量

调料
甜酱油20毫升，辣油5毫升，白糖5克，盐3克

做法
❶ 热一锅倒入适量食用油，放入酸菜末、辣椒丝炒香，加入所有调料炒匀备用。

❷ 油面放入沸水中煮软，捞出沥干，放入碗内加入适量高汤。

❸ 于面上排入适量做法1的材料与葱花即可。

打卤面

材料
熟拉面、五花肉片各150克，香菇丝30克，竹笋丝50克，大骨高汤500毫升，泡发虾皮5克，胡萝卜丝、黑木耳丝、金针菇、蛋液各50克，蒜泥1大匙，香菜、葱花、食用油各适量

调料
盐、鸡精各1小匙，酱油、米酒各10毫升，白胡椒粉、水淀粉、香油各适量

做法
❶ 热锅倒入适量食用油，炒干香菇丝。

❷ 再放入虾皮、五花肉片、竹笋丝、胡萝卜丝、黑木耳丝、金针菇及蒜泥炒香。

❸ 加入所有调料（大骨高汤、水淀粉除外），以水淀粉勾芡，加入蛋液拌匀即为打卤面汤头。

❹ 熟拉面加打卤面汤头，撒香菜、葱花即可。

狮子头汤面

材料
蔬菜拉面100克，猪绞肉300克，猪油50克，淀粉10克，高汤、红辣椒丝、葱花、食用油各适量

调料
盐、味精、白胡椒粉各2克，酱油、香油各5毫升

卤汁
盐2克，酱油10毫升，八角2粒，甘草1片，水500毫升

做法
1. 将猪绞肉、猪油、酱油、香油、盐、味精、白胡椒粉混匀，加入100毫升水拌匀，再加入淀粉拌匀，入冰箱冷藏3小时后，搓成丸子状，放入油锅中炸至金黄，放入卤汁材料中，卤约30分钟。
2. 蔬菜拉面煮熟后放入汤碗内，加入肉丸子、红辣椒丝、葱花，并加入高汤即可。

泰式海鲜面

材料
拉面150克，泰式酸辣汤500毫升，虾1只，蛤蜊50克，鱿鱼30克，罗勒少许

调料
盐、白糖各1/4小匙，辣椒膏1小匙，香醋10毫升

做法
1. 拉面入沸水锅烫熟捞起，置于碗中备用。
2. 将泰式酸辣汤煮开，加入处理干净的虾、蛤蜊、鱿鱼及所有的调料，以中火煮约3分钟后熄火，倒入面碗中，放上洗净的罗勒即可。

香油鸡面

🥘 材料
面条150克，土鸡腿100克，姜片10克，水200毫升

🧂 调料
香油10毫升，米酒20毫升，鸡精1大匙，白糖2小匙

🍲 做法
① 将土鸡腿切块，以清水洗净，备用。

② 炒锅倒入香油与姜片，以小火慢慢爆香，至姜片卷曲。

③ 加入土鸡腿块，炒至表面上色且熟透。

④ 再加入米酒、水，以大火煮至沸腾后，转小火煮约40分钟，起锅前加入鸡精与白糖，拌匀调味即为香油鸡。

⑤ 将面条放入沸水中氽烫熟，捞起沥干盛入碗中，盛入适量香油鸡即可。

药炖排骨面

🥘 材料
面条150克，药补汤头500毫升，排骨200克，青菜适量

🧂 调料
盐1/2小匙

🍲 做法
① 药补汤头加盐调味后，煮沸熄火备用。

② 面条及洗净的青菜烫熟捞起，放入碗中。

③ 将药补汤头中已炖烂的猪排骨置于面上，倒入煮过的汤头即可。

肉骨茶面

📋 材料
面条150克，肉骨茶汤头500毫升，熟排骨200克，油条1根

🫙 调料
盐1/2小匙

🍲 做法
❶ 肉骨茶汤头加调料煮开；面条烫熟捞起置于碗中备用。

❷ 取之前熬煮汤头中的熟猪排骨切小块，油条撕小块，铺于烫熟的面上，淋上煮开的肉骨茶汤头即可。

云南臊子面

📋 材料
鸡蛋面100克，猪肉末30克，西红柿2个，洋葱丁2大匙，香菇丁2大匙，鸡高汤250毫升，葱花1大匙，食用油适量

🫙 调料
豆豉1大匙

🍲 做法
❶ 西红柿洗净切丁备用。

❷ 起油锅，依序加入猪肉末、豆豉、洋葱丁、香菇丁炒熟，再放入西红柿丁炒软，倒入鸡高汤煮开即为酱汤，转小火。

❸ 另烧一锅水将鸡蛋面烫熟，沥干摆入碗中，加入酱汤，撒上葱花即可。

原味清汤蚌面

材料
拉面150克，高汤400毫升，蛤蜊200克，小白菜50克

调料
盐1/2小匙

做法
1. 蛤蜊洗净加入冷水和少许盐（分量外）拌匀，静置使其吐沙，约2小时后，重复上述做法，约2小时后洗净蛤蜊，沥干备用。
2. 锅中加适量水煮沸，放入洗净的蛤蜊，盖上锅盖以中火煮至蛤蜊张开，锅内的水保留即为蛤蜊水，和蛤蜊一起盛起。
3. 将高汤煮沸加入盐调匀，倒入面碗中。
4. 备一锅沸水，依序将拉面及小白菜煮熟捞起，放入盛有高汤的面碗中，再放入蛤蜊和蛤蜊水即可。

鲜鱼蚌面

材料
细拉面100克，熟鲜鱼肉200克，圆白菜片250克，葱段10克，姜片5克，鲷鱼片50克，蛤蜊125克，小白菜段60克，金针菇15克，鱼板3片

调料
盐1/2小匙，胡椒粒10克

做法
1. 将蛤蜊处理干净，入锅煮至开口，同蛤蜊水留用；金针菇洗净；鲷鱼片加盐腌制。
2. 将5000毫升水煮沸，加入熟鲜鱼肉、圆白菜片、葱段、胡椒粒及姜片，熬煮约4小时后以滤网过滤出鲜鱼高汤。
3. 鲜鱼高汤煮沸，加入细拉面稍煮，再加入小白菜段、金针菇、鱼板、鲷鱼片、盐，煮至鲷鱼片熟透，倒入碗内，再加入蛤蜊和蛤蜊水即可。

鲜虾蚌面

材料
蔬菜面100克，鲜虾3只，蛤蜊100克，小白菜60克，蚌面高汤300毫升，蛤蜊水3大匙

调料
盐1/2小匙

做法
❶ 蛤蜊洗净加入冷水和少许盐（分量外）拌匀，静置使其吐沙，约2小时后重复上述做法，再约2小时后洗净，沥干备用。
❷ 小白菜洗净切段；鲜虾洗净，备用。
❸ 备一锅沸水，将蔬菜面煮熟捞起，放入碗中备用。
❹ 将蚌面高汤煮沸，放入洗净的蛤蜊、鲜虾、小白菜段及盐，煮至蛤蜊张开，倒入面碗内。
❺ 最后于面碗内加入蛤蜊水即可。

霜降牛肉蚌面

材料
拉面150克，蛤蜊125克，霜降牛肉50克，金针菇10克，洋葱15克，小白菜30克，蚌面高汤350毫升，蛤蜊水3大匙

调料
盐1/2小匙

做法
❶ 蛤蜊处理干净；金针菇洗净去蒂；小白菜洗净切段；洋葱洗净切丝。
❷ 将拉面放入锅中煮熟捞起，放入碗中。
❸ 将蚌面高汤煮沸，放入洗净的蛤蜊、金针菇、洋葱丝、小白菜段及盐，煮至蛤蜊张开，倒入面碗内。
❹ 霜降牛肉片放入约85℃水温的锅中，煮至呈白色捞出，放入面碗内，再加入蛤蜊水即可。

火腿鸡丝煨面

材料

细拉面150克，去骨土鸡腿肉80克，冬笋丝50克，火腿丝、芥蓝各30克，鸡汤500毫升，食用油适量

调料

绍兴酒1/2小匙，盐少许，胡椒粉少许

腌料

盐1/4小匙，绍兴酒1/4小匙，淀粉1/2小匙

做法

❶ 土鸡腿肉洗净切丝，加腌料腌15分钟。

❷ 热油锅将鸡肉丝炒至变白，放入冬笋丝、火腿丝略炒，再放绍兴酒、鸡汤、盐、胡椒粉，转小火煮约10分钟。

❸ 将细拉面放入沸水中余烫约1分钟，捞起放入锅中，小火煮约4分钟，放入洗净的芥蓝，煮沸后熄火即可。

葱开煨面

材料

粗拉面150克，虾米30克，葱2棵，猪骨煨汤600毫升，莴苣30克，食用油适量

调料

盐1/2小匙，胡椒粉少许

做法

❶ 虾米泡水约3分钟，捞出洗净沥干；葱洗净切斜段，并将葱白、葱绿分开，备用。

❷ 取一锅烧热后，放入食用油，再放入洗净的虾米以小火炒约2分钟，接着放入葱白炒至微黄，续加入猪骨煨汤与所有调料一起拌煮均匀。

❸ 将粗拉面放入锅中煮熟，捞出沥干备用。

❹ 将烫过的粗拉面放入汤料锅中，以小火煮约4分钟后，再放入葱绿与洗净的莴苣一起煮约1分钟即可。

猪蹄煨面

材料
粗拉面150克，猪蹄1/2只，老姜片20克，葱段20克，当归1片，葱花、食用油各适量

调料
绍兴酒1大匙，盐1小匙，胡椒粉1/4小匙

做法
❶ 猪蹄洗净切块，放入沸水汆烫3分钟捞出。

❷ 热油锅爆香老姜片、葱段，放入猪蹄块，以小火炒约3分钟。

❸ 取一砂锅，倒入炒好的材料，再加入绍兴酒、当归、800毫升水，中火煮开后捞除浮沫，盖上锅盖，转小火煨煮3小时后加盐，再续煮约15分钟。

❹ 粗拉面入沸水锅汆烫1分钟捞出，放入砂锅内煮约4分钟后，挑出老姜片、葱段、当归，撒上葱花与胡椒粉即可。

黄鱼煨面

材料
细面条150克，黄鱼1条，竹笋片40克，鲜鱼汤600毫升，小白菜50克

调料
盐1/2小匙，胡椒粉1/4小匙

腌料
盐、胡椒粉各1/4小匙，蛋清、淀粉各1小匙

做法
❶ 黄鱼洗净，去骨去皮切小块；小白菜洗净。

❷ 黄鱼块加入所有腌料拌匀，腌10分钟。

❸ 鲜鱼汤煮沸，放入鱼块及竹笋片，再放入所有调料，转小火煮约1分钟。

❹ 细拉面放入沸水中汆烫1分钟，捞出沥干，放入汤锅，放入洗净的小白菜煮开即可。

红烧牛肉面

材料
拉面150克，红烧牛肉汤500毫升，小白菜适量，葱花少许

做法
1. 将拉面放入沸水中煮约3.5分钟，其间以筷子略微搅动数下，捞出沥干备用。
2. 小白菜洗净后切段，放入沸水中略烫约1分钟，再捞起沥干备用。
3. 取一碗，将煮过的拉面放入碗中，再倒入红烧牛肉汤，加入汤中的熟牛腱块，放上烫过的小白菜段与葱花即可。

清炖牛肉面

材料
细拉面150克，清炖牛肉汤500毫升，小白菜适量，葱花少许

做法
1. 将细拉面放入沸水中煮约3分钟，其间以筷子略微搅动数下，即捞出沥干备用。
2. 小白菜洗净后切段，放入沸水中略烫约1分钟后，捞起沥干备用。
3. 取一碗，将煮好的细拉面放入碗中，再倒入清炖牛肉汤，加入汤中的牛肋条段，放上烫过的小白菜段与葱花即可。

药膳牛肉面

材料
宽面150克，药膳牛肉汤500毫升，小白菜适量

做法
❶ 将宽面放入沸水中煮约4.5分钟，其间以筷子略微搅动数下，即捞出沥干备用。
❷ 小白菜洗净后切段，放入沸水中略烫约1分钟，再捞起沥干备用。
❸ 取一碗，将煮过的宽面放入碗中，再倒入药膳牛肉汤，加入汤中的牛肋条块，放上烫过的小白菜段即可。

西红柿牛肉面

材料
拉面150克，西红柿牛肉汤500毫升，小白菜适量，葱花少许

做法
❶ 将拉面放入沸水中煮约3.5分钟，其间以筷子略微搅动数下，再捞出沥干备用。
❷ 小白菜洗净后切段，放入沸水中略烫约1分钟，即捞起沥干备用。
❸ 取一碗，将煮过的拉面放入碗中，再倒入西红柿牛肉汤，加入汤中的熟牛肉块，放上烫过的小白菜段与葱花即可。

麻辣牛肉面

材料
宽面150克，麻辣牛肉汤500毫升，小白菜适量，葱花少许

做法
❶ 将宽面放入沸水中煮约4.5分钟，其间以筷子略微搅动数下，即捞出沥干备用。
❷ 小白菜洗净后切段，放入沸水中略烫约1分钟，再捞起沥干备用。
❸ 取一碗，将煮过的宽面放入碗中，再倒入麻辣牛肉汤，加入汤中的牛肋条块，放上煮过的小白菜段及葱花即可。

辣子牛肉面

材料
白面250克，红烧牛肉汤适量，牛腱子片200克，菠菜少许，葱花1小匙，酸菜1大匙

调料
辣椒粉1小匙，辣油1小匙，花椒1小匙，干辣椒1小匙

做法
❶ 将花椒、干辣椒、辣椒粉、辣油加入红烧牛肉汤中成为麻辣汤头，再加入牛腱子片熬煮约40分钟。
❷ 白面煮熟装碗，加入麻辣汤头，并加入氽烫过的菠菜、葱花、酸菜即可。

越式牛肉面

材料

鸡蛋面200克，生牛肉薄片150克，越式汤头500毫升，洋葱丝30克

调料

鱼露1小匙，盐1/4小匙

做法

❶ 将鸡蛋面煮熟后捞起，置于碗中，上面平铺上牛肉薄片备用。

❷ 将越式汤头加入洋葱丝及所有调料，以中火煮开后全部淋在面碗中即可。

葱烧牛腩面

材料

白面250克，葱段20克，牛腩200克，嫩豆苗20克，鲜味汤头、葱丝、红辣椒丝、食用油各适量

调料

酱油2大匙，白糖1大匙

做法

❶ 葱段用油炒至呈金黄色、香味溢出时即可起锅备用。

❷ 牛腩切块，入沸水汆烫，洗净备用。

❸ 将炒好的葱段、洗净的牛腩块与鲜味汤头一同放入锅中，用酱油、白糖调味调色，炖煮约40分钟。

❹ 将白面烫熟装碗，加入炖好的汤料、汆烫过的嫩豆苗、葱丝、红辣椒丝即可。

酸菜牛肉面

材料
阳春面150克，酸菜牛肉汤500毫升

做法
❶ 将阳春面放入沸水中煮约3分钟，其间以筷子略微搅动数下，捞出沥干备用。

❷ 取一碗，将煮过的阳春面放入碗中，倒入酸菜牛肉汤，加入汤中的牛腿肉及酸菜心即可。

流水素面

材料
日式素面300克，蛋液80克，食用油适量

调料
盐、味精、米酒各适量，淀粉1/2小匙

蘸酱
柴鱼高汤300毫升，熟黑芝麻少许，酱油4大匙，味醂、清酒各2大匙，白糖、盐各适量

蘸料
萝卜泥、芥末酱、姜泥各适量，蛋黄1个

做法
❶ 将日式素面煮熟，浸凉后缠成麻花。

❷ 将蛋液、米酒、盐、味精、淀粉混匀，倒入油锅煎成蛋皮后切成丝，摆在素面上。

❸ 熟黑芝麻磨成芝麻粉与柴鱼高汤、酱油、味醂、清酒、白糖、盐混匀成蘸酱，加入蘸料搅匀，以素面蘸取蘸酱食用即可。

丰原排骨酥面

材料

油面	150 克
猪排骨块	100 克
葱段	15 克
蒜	15 克
韭菜	20 克
豆芽	50 克
高汤	500 毫升
香菜	10 克
蛋液	50 克
红薯粉	5 大匙
食用油	适量

调料

盐	1/2 大匙
食用油	1 大匙

腌料

蒜末	30 克
葱段	20 克
盐	1 大匙
酱油	1 大匙
豆腐乳	1 块
白糖	1 大匙
五香粉	1 小匙
胡椒粉	1 小匙

做法

❶ 所有腌料加入蛋液拌匀，再加入洗净沥干的猪排骨块拌匀，腌制约1小时。

❷ 取出腌好的猪排骨，蘸裹上薄薄的红薯粉后备用。

❸ 将猪排骨放入170℃油温的锅中炸4分钟后，转大火炸1分钟至猪排骨酥呈金黄色时捞起沥油；再放入蒜与葱段略炸捞出。

❹ 将排骨酥、葱、蒜与高汤一起装进容器，放入蒸笼内蒸约50分钟。

❺ 将所有调料加入开水锅，放入油面煮约1分钟后，马上捞起放入碗中备用。

❻ 将洗净的韭菜和豆芽放入煮油面的沸水中氽烫捞起，与蒸好的排骨酥和高汤放入面碗内，放上香菜即可。

正油拉面

📋 材料
拉面100克，正油高汤600毫升，鲜虾2只，笋干、玉米粒、葱花各适量，鱼板、海苔片、奶酪片各2片

🍶 调料
绍兴酒1/2小匙，盐少许，胡椒粉少许

🥢 腌料
盐1/4小匙，绍兴酒1/4小匙，淀粉1/2小匙

📖 做法
❶ 将拉面放入沸水中煮熟，捞起沥干，放入碗中。

❷ 加入正油高汤，再加上烫过的鲜虾、笋干、玉米粒、鱼板。

❸ 食用前加上海苔片及奶酪片、葱花即可。

味噌拉面

📋 材料
拉面150克，奶油50克，猪肉末100克，熟笋干、豆芽各50克，味噌高汤500毫升，葱花少许

🍶 调料
白味噌30克，盐1/4小匙，白糖1/2小匙

📖 做法
❶ 将拉面煮熟后，捞起置于碗内备用。

❷ 奶油以小火烧热，加入猪肉末爆炒，再放入熟笋干、豆芽炒2分钟，接着倒入味噌高汤和所有调料，煮约5分钟后即可盛入面碗中，撒上葱花即可。

叉烧拉面

材料
拉面150克，酱油汤头500毫升，叉烧肉6片，海苔丝少许，葱花少许

调料
白味噌30克，盐1/4小匙，白糖1/2小匙

做法
1. 将拉面烫熟后捞起置于碗内备用。
2. 酱油汤头以中火煮开，加入所有调料调味后盛入面碗中，最后摆入叉烧肉片、海苔丝、葱花即可。

猪肉拉面

材料
拉面150克，咸味汤头500毫升，猪肉片50克，鱼板3片，金针菇20克，海苔3片，香菇1朵，熟玉米1段

调料
盐1小匙

做法
1. 将拉面烫熟后捞起置碗中备用。
2. 金针菇去蒂洗净；香菇洗净，切花。
3. 咸味汤头加盐以中火煮开，放入猪肉片、鱼板、金针菇、香菇、熟玉米，续煮2分钟后盛入面碗，放上海苔片即可。

冲绳五花拉面

材料
拉面100克，五花肉（带皮）100克，红葱酥、葱花、红辣椒丝、食用油各适量，冲绳高汤600毫升

卤汁
盐30克，酱油350毫升，冲绳黑糖45克，冲绳烧酒85毫升，水3800毫升

做法
❶ 热锅倒入适量油，放入五花肉略炒，再放入卤汁材料卤1小时至熟。
❷ 将拉面烫熟后捞出置碗中备用。
❸ 冲绳高汤以中火煮开，盛入面碗内，再放入卤好的五花肉、红葱酥、葱花、红辣椒丝即可。

什锦拉面

材料
拉面150克，大骨浓汤500毫升，鱼板3片，猪肉片5片，卤蛋半个，金针菇20克

调料
盐1/4小匙

做法
❶ 将拉面煮熟后捞起置于碗内备用。
❷ 大骨浓汤以中火烧开，加入鱼板、猪肉片、洗净的金针菇及盐，续煮3分钟后盛入面碗中，放上半个卤蛋即可。

味噌蘸酱面

材料
冷冻乌龙熟面200克，海苔丝、葱花、七味粉各适量

蘸酱汁
水100毫升，柴鱼素1/5小匙，味醂25毫升，酱油15毫升，白味噌20克，色拉酱15克，芝麻酱15克，醋10毫升

做法
❶ 将蘸酱汁中的水、柴鱼素、味醂、酱油混匀，以中火煮开，放凉后与白味噌、色拉酱、芝麻酱、醋调和均匀备用。

❷ 将冷冻乌龙熟面放入沸水中烫熟，然后捞起备用。

❸ 将烫过的乌冬面盛入容器中，放上海苔丝，食用时蘸取调好的酱汁，搭配葱花、七味粉即可。

海鲜乌冬面

材料
乌冬面250克，鸡肉30克，蟹肉条1条，鲷鱼片25克，日本油豆腐1片，虾2只，白菜片100克，香菇1朵，小豆苗适量

汤汁材料
水300毫升，柴鱼素1克，味醂25毫升，生抽15毫升，米酒5毫升，盐1克

做法
❶ 将乌冬面汆烫，捞起沥干。

❷ 汤汁材料混合均匀，煮开备用。

❸ 依序将汆烫过的乌冬面及洗净的鸡肉、蟹肉条、鲷鱼片、日本油豆腐、虾、白菜片、香菇放入煮好的汤汁中煮开，再煮约3分钟，放上洗净的小豆苗即可。

蛋花乌冬面

材料
乌冬面200克，鸡蛋1个，小豆苗适量

汤汁材料
水250毫升，味醂20毫升，生抽18毫升，米酒5毫升，盐1克，柴鱼素1克

调料
淀粉5克，水50毫升

做法
❶ 将乌冬面氽烫，捞起沥干；小豆苗洗净氽烫后备用。

❷ 鸡蛋打匀成蛋汁备用。

❸ 将汤汁材料混合煮开，并把淀粉与水调匀后加入勾薄芡，将蛋汁倒入呈蛋花状。

❹ 取一碗，放入氽烫过的乌冬面，把蛋花轻轻倒入，最后摆上小豆苗即可。

山药乌冬面

材料
乌冬面200克，海苔片1/4片，蛋黄1个，山药泥少许

煮汁材料
水400毫升，味醂30毫升，酱油20毫升，米酒5毫升，盐1克，柴鱼素2克

做法
❶ 将乌冬面氽烫，捞起沥干备用。

❷ 取一汤锅，将水、味醂、酱油、米酒、盐放入，煮开后加入柴鱼素即熄火。

❸ 氽烫过的乌冬面放入碗中，先铺上海苔片，再小心淋上煮好的汤汁，铺上山药泥，最后摆上蛋黄即可。

泡菜乌冬面

📋 材料
乌冬面200克，牛蒡丝20克，五花薄肉片50克，胡萝卜1片，香菇1朵，泡菜100克，豆腐50克，香油1大匙，水250毫升，葱丝少许

📋 调料
味噌20克，酱油1小匙，米酒1大匙

📋 做法
❶ 将所有调料混合；乌冬面汆烫，捞起沥干；五花薄肉片切条；香菇洗净切块；豆腐洗净切块；胡萝卜洗净切花备用。

❷ 热一锅，倒入香油烧热，放入五花肉条以中火炒至变色，再放入牛蒡丝、泡菜拌炒后，加入水煮开，再放入香菇、豆腐、乌冬面。

❸ 最后加入混合后的调料续煮，撒上少许葱丝即可。

亲子煮乌冬面

📋 材料
乌冬面200克，鸡腿肉100克，日本三角油豆腐1片，竹笋丝30克，葱丝15克，海苔丝适量，鸡蛋2个

📋 煮汁材料
水100毫升，味醂25毫升，酱油30毫升，米酒15毫升，柴鱼素1/3小匙

📋 做法
❶ 乌冬面汆烫，捞起沥干盛碗；鸡腿肉洗净切块；鸡蛋打散备用。

❷ 将水、味醂、酱油、米酒混合煮开，放入柴鱼素即可熄火备用。

❸ 取一浅盘汤锅，放入煮熟的乌冬面、鸡腿肉块、竹笋丝、日本三角油豆腐及做法2的材料煮开，再放入葱丝，轻轻倒入蛋液煮至呈半熟状，再撒上海苔丝即可。

天妇罗乌冬面

🏷 材料

乌冬面150克，草虾2只，茄子条3根，青椒片2片，红薯片3片，南瓜片2片，海带柴鱼高汤250毫升，海苔丝、食用油、面粉各适量

🍳 面糊

低筋面粉100克，蛋液50克，冰水1杯

🏷 调料

味醂、酱油各1大匙，七味粉少许

🍴 做法

❶ 将草虾去头洗净，挑掉虾线。

❷ 低筋面粉加蛋液、冰水，搅匀成面糊。

❸ 将草虾、茄子条、青椒片、红薯片、南瓜片沾少许面粉，蘸面糊，放油锅中炸熟。

❹ 将高汤煮开，加入味醂、酱油、乌冬面，煮熟后盛出，摆上炸好的材料，撒上海苔丝、七味粉即可。

咖喱乌冬面

🏷 材料

乌冬面200克，五花肉薄片60克，洋葱1/2个，西红柿1个，水400毫升，罗勒少许，咖喱粉、食用油各适量

🏷 调料

咖喱块10克，柴鱼酱油露50毫升，淀粉10克，牛奶100毫升

🍴 做法

❶ 将乌冬面氽烫熟捞起、沥干；五花肉薄片切条；洋葱洗净切丝；西红柿洗净切丁。

❷ 热油锅炒软洋葱丝，放入五花肉条炒至变色，加入西红柿丁、咖喱粉炒匀，加入水及柴鱼酱油露煮开后，放入咖喱块及调好的淀粉、牛奶勾薄芡，即为咖喱汤汁。

❸ 将烫熟的乌冬面放入碗中，再淋入咖喱汤汁，放上罗勒叶即可。

PART 2

爽口拌面

本章所讲的拌面不仅包括我们日常所吃的炸酱面、麻酱面、凉面、冷面等各式拌面，还包括具有异国风味的意大利面。面条拌上香味四溢的酱料既快速方便，又清新爽口，很快就能使饥肠辘辘的你得到满足。

传统麻酱面

材料
拉面150克，小白菜适量

调料
盐1/2小匙

麻酱汁调料
芝麻酱汁2大匙，蚝油1小匙，盐、白糖各1/4小匙，鸡精少许

做法
1. 将麻酱汁调料充分拌匀备用。
2. 汤锅放入水煮开，加入盐和拉面煮3分钟，再加入少许冷水过15秒后，第二次加入少许冷水，等到第三次水开后即可捞起。
3. 取100毫升面汤放入麻酱汁拌匀，加入煮好的拉面拌匀后，放入碗中备用。
4. 小白菜洗净，切成5厘米的长段，放入沸水烫5秒钟后捞起，放在面上即可。

素炸酱面

材料
鸡蛋面150克，胡萝卜丁、冬笋丁各50克，豆干丁30克，香菇丁、小黄瓜丁、青豆、豆芽、玉米粒各20克，蒜末30克，食用油20毫升

调料
豆瓣酱2小匙，甜面酱、白糖、盐各1小匙，水淀粉1/2小匙

做法
1. 将冬笋丁、胡萝卜丁、青豆及豆芽放入沸水中汆烫1~2分钟后捞起备用。
2. 锅中加食用油烧热，爆香蒜末、豆瓣酱及甜面酱，加入香菇丁、豆干丁、胡萝卜丁、冬笋丁、青豆、玉米粒略炒，加少许水、白糖煮匀，以水淀粉勾芡即为素炸酱。
3. 将鸡蛋面放入沸水锅中煮熟后捞出，放上素炸酱、小黄瓜丁、豆芽即可。

传统炸酱面

📋 材料

拉面	150克
五花肉	150克
毛豆	20克
葱段	15克
红葱头末	10克
胡萝卜丁	20克
豆干丁	10克
食用油	适量

🥣 调料

豆瓣酱	2小匙
甜面酱	1小匙
白糖	1小匙
水淀粉	1/4小匙
盐	1/2小匙

🍴 做法

① 五花肉洗净，入沸水煮约10分钟，捞出切丁。

② 汤锅放入3000毫升水煮沸，加入盐及拉面煮开，加入少许水，15秒后再加入少许水，第三次水开后即可熄火，将拉面捞起拌开盛碗。

③ 毛豆放沸水中烫10~15秒后捞起过凉水。

④ 热锅加入食用油，将红葱头末炒至金黄色，放入五花肉丁炒至出油，再放入葱段、毛豆、胡萝卜丁及豆干丁炒约3分钟；加入豆瓣酱及甜面酱炒至所有材料均匀上色，再加入200毫升水和白糖翻炒10分钟，淋上水淀粉勾芡略炒即为炸酱料。

⑤ 将炸酱料淋在拉面上即可。

肉臊面

材料
油面100克，猪肉末200克，红葱头15克，米酒10毫升，香油5毫升，葱花、食用油各适量

卤汁
酱油膏5克，酱油3毫升，陈醋3毫升，姜片5克，五香粉、肉桂粉、甘草粉各1克，冰糖6克，蒜5克，高汤150毫升，盐2克

做法
1. 热锅放入食用油，爆香切碎的红葱头，再放入猪肉末炒散。
2. 再加入所有卤汁材料，将猪肉末卤至入味，再加入米酒与香油，拌匀即成肉臊。
3. 将油面放入沸水中烫熟，捞起沥干放入碗中，拌入适量肉臊及葱花即可。

金黄洋葱拌面

材料
面条200克，鸡胸肉、洋葱各50克，食用油适量

调料
蚝油1小匙，盐少许

做法
1. 鸡胸肉、洋葱分别洗净切末备用。
2. 热锅，倒入食用油烧热，先放入洋葱末，以小火慢炒至呈金黄色，再放入鸡胸肉末，炒至肉色变白，加入蚝油及盐略炒约2分钟即为酱料。
3. 取一汤锅，倒入适量水煮沸，放入面条以小火煮约3分钟至面熟软后，捞起沥干放入碗中。
4. 将酱料倒入面碗中，拌匀即可食用。

豆瓣拌面

材料
面条150克，猪肉末80克，姜末、蒜末、葱花各10克，食用油适量

调料
米酒、酱油、陈醋各1/2小匙，水30毫升，辣豆瓣酱1小匙，白糖1大匙

做法
1. 热锅，倒入食用油烧热，先放入姜末、蒜末以小火炒至呈金黄色，再放入猪肉末炒至肉色变白，加入辣豆瓣酱略炒，加剩余调料煮至汤汁收干即为酱料。
2. 取一汤锅，倒入适量水煮沸，将面条放入后转小火，煮约3分钟至面熟软后，捞起沥干放入碗中备用。
3. 将酱料倒入面碗中，加上葱花拌匀即可。

豆豉拌面

材料
面条200克，碎菜脯50克，豆豉10克，蒜末15克，食用油、香芹叶各适量

调料
白糖1/2小匙

做法
1. 将碎菜脯泡水去除咸味，取出洗净。
2. 将豆豉泡水5分钟去除咸味，取出沥干。
3. 热锅倒入食用油，将蒜末炒至呈金黄色。
4. 将泡过水的豆豉放入锅中炒约2分钟，再放入泡过水的碎菜脯炒约5分钟，加入白糖拌匀即为酱料。
5. 汤锅倒入适量水煮沸，放入面条煮至熟软，捞起沥干放入碗中，放入酱料拌匀后以香芹叶装饰即可。

京酱肉丝拌面

材料

面条150克，猪肉丝80克，小黄瓜30克，姜末、蒜末、葱花各5克，食用油适量，水50毫升

调料

甜面酱15大匙，白糖1小匙，米酒少许，淀粉1/4小匙

做法

1. 猪肉丝用淀粉抓匀；小黄瓜洗净切丝。
2. 热锅倒入食用油烧热，将姜末、蒜末略炒，放入抓匀的猪肉丝，以中火略炒。
3. 放入甜面酱略炒，加入水、白糖、米酒炒约2分钟即为酱汁。
4. 汤锅倒入适量水煮沸，放入面条以小火煮至熟软，捞起沥干放入碗中，加入酱汁，再撒上葱花、小黄瓜丝拌匀即可。

四川担担面

材料

细阳春面100克，猪肉末120克，红葱末10克，蒜末5克，葱末15克，花椒粉、干辣椒末、葱花、熟白芝麻各少许，食用油适量，水100毫升

调料

红油1大匙，芝麻酱1小匙，蚝油1/2大匙，酱油1/3大匙，盐少许，白糖1/4小匙

做法

1. 热锅加入食用油，爆香红葱末、蒜末，加入猪肉末炒散，续放入葱末、花椒粉、干辣椒末炒香。
2. 放入调料和100毫升水炒匀，并炒至微干，即为四川担担酱。
3. 锅中加适量水和少量油煮开，放入细阳春面煮约1分钟后捞起沥干，加入适量四川担担酱，最后撒上葱花与熟白芝麻即可。

韩式辣拌面

材料
银丝细面100克，火锅肉片120克，小黄瓜30克，熟白芝麻、韩式泡菜、食用油各适量

调料
韩式辣椒酱20克，白糖5克，香油5毫升，白醋5毫升，酱油5毫升，米酒10毫升，盐3克

做法
1. 热锅倒入食用油，放入火锅肉片与酱油、米酒、部分白糖拌匀炒熟备用。
2. 小黄瓜洗净切薄片，与盐拌匀至软后，以冷水洗净，加入香油拌匀。
3. 银丝细面放入沸水中煮软，捞出用冷开水洗去黏液，加入韩式辣椒酱、剩余白糖、香油、白醋拌匀。
4. 再加上熟白芝麻、韩式泡菜、小黄瓜片、炒好的火锅肉片即可。

榨菜肉丝干面

材料
粗阳春面100克，猪瘦肉、榨菜各100克，蒜末5克，红辣椒末、葱末各10克，花生粉、食用油各适量，水100毫升

调料
生抽1/2小匙，盐、白糖、胡椒粉、鸡精各少许

做法
1. 猪瘦肉洗净切丝；榨菜洗净切丝，备用。
2. 热锅加入食用油，爆香蒜末、红辣椒末，放入猪瘦肉丝，炒至肉变色，续放入葱末、榨菜丝略拌炒；接着放入所有调料和100毫升水炒至微干入味，即为榨菜肉丝料。
3. 粗阳春面放入沸水锅中拌散，煮约2分钟后捞起沥干，盛入碗中，加入适量榨菜肉丝料，并撒上少许花生粉增味即可。

鸡丝拌面

材料
蔬菜面100克，鸡胸肉150克，胡萝卜丝、红葱酥、葱花各适量，高汤350毫升，八角1粒，姜1片

调料
米酒20毫升，鸡油12毫升，酱油膏8克，白糖5克，盐3克

做法

❶ 材料中的高汤加八角、姜、米酒、白糖、盐一起煮至沸腾，放入洗净的鸡胸肉煮10~12分钟至熟，捞出鸡胸肉浸泡冷开水至凉，再剥成丝状。

❷ 蔬菜面放入沸水中煮软，捞出放入碗内，加入剩余调料拌匀。

❸ 再加入鸡胸肉丝、烫过的胡萝卜丝、红葱酥及葱花即可。

福州傻瓜面

材料
阳春面90克，葱花8克

调料
猪油1大匙，盐1/6小匙

做法

❶ 将猪油倒入碗内，与盐一起拌匀。

❷ 将阳春面放入沸水中，用筷子搅动使面条散开，小火煮1~2分钟后捞起，将水分稍微沥干，备用。

❸ 将煮好的面装入盛有猪油的碗中，加入葱花，由下而上将面与调料一起拌匀即可。

葱油意大利面

材料
意大利面100克，豆芽15克，猪肉末100克，葱花10克，食用油适量，香菜少许

调料
红葱油1大匙，盐1/6小匙，酱油2大匙

做法
① 炒锅入食用油烧热，放猪肉末炒至变白，加入葱花炒香，淋上酱油续炒至水分收干且表面焦黄，即为炒肉末。

② 将红葱油及盐加入碗中拌匀。

③ 取锅加水烧开后，放入意大利面用小火煮约1分钟，其间用筷子搅动将面条散开，煮好后捞起，沥干，放入盛有红葱油和盐的碗中。

④ 豆芽用沸水略烫一下后捞起置于面上，撒上炒肉末，放上香菜即可。

干拌意大利面

材料
意大利面150克，豆芽25克，韭菜20克，葱花少许，肉臊、食用油各适量

调料
盐少许

做法
① 豆芽洗净去根部；韭菜洗净切段，备用。

② 开水锅中加入食用油与盐，放入意大利面煮开后，加入少许冷水，水再开后加入洗净的豆芽与韭菜段烫熟，捞出放入碗中。

③ 淋上肉臊，撒上葱花即可。

蚝油捞面

材料
鸡蛋面100克，豆芽30克

调料
红葱油1小匙，蚝油1大匙

做法
1. 取锅加水烧沸，放入鸡蛋面以小火煮约半分钟，其间用筷子搅动面条，煮好后将面捞起备用。
2. 将煮好的面条浸在冷水中摇晃数下，去除表面黏糊的淀粉。
3. 将过好冷水的面再放入锅中煮，约1分半钟后捞起，稍沥干后放入碗中，加入红葱油拌匀。
4. 用沸水将豆芽略烫一下，捞起沥干后置于面上，再将蚝油拌入面中即可。

红油抄手拌面

材料
面条80克，馄饨皮、葱花、花生粉、辣油各适量，热高汤50毫升

调料
陈醋4毫升，甜酱油露10毫升，香油3毫升，芝麻酱10克，蒜蓉3克

肉馅材料
梅花猪肉末300克，盐3克，胡椒粉4克，香油4毫升，姜蓉4克

做法
1. 将肉馅材料拌匀至黏稠出胶，放入冰箱冷藏2小时，取馄饨皮放入肉馅包紧。
2. 面条入沸水锅煮软，捞出沥干，加入所有调料和热高汤拌匀；将馄饨放入沸水中煮熟，捞起沥干排入面碗内，撒上葱花、花生粉、辣油拌匀即可。

辣味麻酱面

材料

阳春面	150克
蒜末	20克
韭菜段	20克
花椒	10克
红辣椒粉	30克
豆芽	30克
食用油	适量

调料

麻酱汁	1大匙
蚝油	1小匙
麻辣油	1小匙
盐	1/4小匙
白糖	1/4小匙
面汤	100毫升
鸡精	少许
盐	1/2小匙
水	10毫升

做法

1. 花椒泡水约10分钟沥干；红辣椒粉加10毫升水拌匀备用。

2. 热锅加入食用油，以小火将泡过水的花椒炸约2分半钟捞起，放入蒜末炒至金黄色，将食用油及蒜末盛出，倒入装有红辣椒粉的碗中拌匀，加入麻酱汁、蚝油、麻辣油、盐、白糖、面汤、鸡精拌匀，即为麻辣麻酱。

3. 汤锅放入适量水煮开，加入盐、阳春面煮2分钟后捞起摊开，再放入韭菜段及豆芽略烫5秒钟后捞起。

4. 取适量麻辣麻酱加入阳春面内拌匀，再铺上烫过的韭菜段及豆芽即可。

怪味鸡丝拌面

材料
面条100克，鸡腿1个，姜片2片，米酒15毫升，葱丝、红辣椒丝各适量，高汤50毫升

怪味酱
葱末、姜末、蒜泥、红辣椒末各5克，蚝油5毫升，白醋、辣油、香油各3毫升，花椒粉3克，白糖、芝麻酱各10克

做法
❶ 将洗净的鸡腿、姜片和米酒放入沸水中煮至鸡腿熟透，泡入冰水待凉后剥丝备用。
❷ 怪味酱材料和高汤混合拌匀备用。
❸ 面条放入沸水中煮软，捞出沥干放入碗内，在上面放上鸡丝，再淋上拌匀的怪味酱，最后撒上葱丝、辣椒丝即可。

沙茶拌面

材料
阳春面100克，蒜末12克，葱花6克

调料
沙茶酱1大匙，猪油1大匙，盐1/8小匙

做法
❶ 将蒜末、沙茶酱、猪油及盐加入碗中一起拌匀。
❷ 取锅加水煮开后，放入阳春面用小火煮1~2分钟，其间用筷子搅动将面条散开，煮好后捞起，并稍加沥干备用。
❸ 在煮好的面上放上少许做法1的材料，再撒上葱花即可。

蚌拌面

材料
细拉面150克，猪肉末100克，葱花1小匙，洋葱30克，蛤蜊水3大匙，食用油适量，水100毫升

调料
酱油1大匙，盐、白糖各1/4小匙，米酒1大匙，洋葱片1大匙

做法
1. 洋葱洗净切小丁，备用。
2. 热锅加入食用油，放入猪肉末以小火炒约3分钟，加入洋葱丁炒约1分钟，再加入所有调料和100毫升水拌炒均匀，转至小火煮至汤汁收干，熄火备用。
3. 备一锅沸水，将细拉面煮熟捞起，放入碗中备用。
4. 将适量炒好的猪肉末加入面中拌匀，再加入蛤蜊水拌匀，最后撒上葱花即可。

传统凉面

材料
油面200克，鸡胸肉50克，胡萝卜50克，小黄瓜50克

调料
芝麻酱适量，鸡汤适量，蒜泥10克，米酒1大匙，盐1小匙

做法
1. 鸡胸肉洗净，入沸水汆烫后捞起，与米酒、盐、水一同放入电饭锅内锅，在外锅放200毫升水，蒸至开关跳起，再焖10分钟取出切丝。
2. 胡萝卜、小黄瓜洗净切丝，备用。
3. 油面放入沸水汆烫，捞起沥干盛盘，接着放入鸡肉丝、胡萝卜丝、小黄瓜丝，再加入芝麻酱、鸡汤、蒜泥拌匀即可。

川味凉面

材料
细拉面200克，豆芽、小黄瓜各25克，香菜少许

调料
川味麻辣酱3大匙

做法
1. 汤锅放入适量水煮沸，放入细拉面汆烫至熟即捞起沥干。
2. 将烫熟的细拉面放在盘上并倒上少许食用油（材料外）拌匀，一边拌一边将面条以筷子拉起吹凉。
3. 将豆芽以沸水汆烫至熟后捞起冲冷水至凉；小黄瓜洗净切丝，浸泡凉开水备用。
4. 取一盘，将拉面置于盘中，再于面条表层排放汆烫熟的豆芽和小黄瓜丝，淋上川味麻辣酱，撒上香菜即可。

传统素凉面

材料
油面200克，素火腿3片，小黄瓜30克，胡萝卜15克，生菜15克

调料
芝麻酱2大匙

做法
1. 汤锅加入适量水煮沸，将油面放入略汆烫捞起，冲泡冷水后沥干。
2. 取一盘，放上沥干的油面并倒上少许食用油（材料外）拌匀，且一边拌一边将面条拉起吹凉。
3. 将素火腿切丝；小黄瓜、胡萝卜、生菜洗净后切丝，泡冷水备用。
4. 取一盘，将油面置于盘中，再铺上素火腿丝、小黄瓜丝、胡萝卜丝、生菜丝，最后淋上芝麻酱即可。

蒜蓉凉面

材料
油面250克，豆芽15克，小黄瓜1/2根，葱花、食用油各适量

调料
蒜蓉酱2大匙

做法
1. 取一汤锅，待水开后将油面放入汆烫即可捞起，再冲泡冷水后沥干。
2. 取一盘，放上沥干的油面并倒上适量食用油拌匀，且一边拌一边将面条拉起吹凉。
3. 将小黄瓜洗净切丝；豆芽洗净汆烫，捞起过冷水，沥干备用。
4. 取一盘，将油面置于盘中，再放上小黄瓜丝和沥干的豆芽，淋上蒜蓉酱，撒上葱花即可。

花生麻酱凉面

材料
细拉面250克，小黄瓜1/2根，胡萝卜20克，油炸花生20克，花生芝麻酱3大匙，食用油少许

调料
盐、鸡精各1/2小匙，白糖、辣椒酱、陈醋各1/2大匙，白醋1大匙，香油、胡椒粉各少许

做法
1. 汤锅加水煮开，放入细拉面煮熟，捞起沥干，并倒上少许食用油拌匀，且一边拌一边将面条以筷子拉起吹凉。
2. 小黄瓜、胡萝卜（去皮）洗净切丝；花生芝麻酱加调料拌匀。
3. 将油炸花生剥去外层薄膜，再用刀背将其碾碎放置碗中。
4. 面条置于盘中，排上小黄瓜丝、胡萝卜丝，放上花生芝麻酱和花生碎粒即可。

麻酱凉面

材料
凉面150克，小黄瓜丝30克，胡萝卜丝20克，水、食用油各适量

调料
麻酱汁1大匙，白醋、陈醋、酱油各1/4小匙，白糖1大匙，蒜泥1/4小匙

做法
1. 汤锅加入适量水煮开，放入凉面煮2分钟捞起放凉，拌入适量食用油使之不黏结。
2. 麻酱汁中加少许凉开水搅拌均匀，再依序加入白醋、陈醋、酱油、白糖、蒜泥。
3. 将适量混合后的麻酱汁淋在拌好的凉面上，放上胡萝卜丝及小黄瓜丝即可。

什锦素炸酱面

材料
熟面200克，西蓝花100克，胡萝卜、小黄瓜各30克，芦笋、豆干各20克，姜蓉10克，水30毫升，食用油适量

调料
甜面酱1小匙，豆瓣酱1大匙，白糖1小匙

做法
1. 将西蓝花洗净，放入沸水中氽烫后摆盘。
2. 胡萝卜、芦笋、小黄瓜、豆干洗净切丁。
3. 热锅倒入食用油烧热，放入姜蓉、甜面酱、豆瓣酱以小火略炒，再放入胡萝卜丁、芦笋丁、小黄瓜丁、豆干丁略炒，续加入30毫升水、白糖，以小火煮约3分钟即为什锦素炸酱。
4. 将熟面放入摆有西蓝花的盘中，再将什锦素炸酱直接淋在面上即可。

奶油蔬菜意大利面

材料

意大利面	200克
蘑菇	30克
西蓝花	30克
红甜椒	1/2个
蒜	10克
洋葱	30克
高汤	150毫升
白酱	80克
鲜奶油	50克
奶油	50克

调料

盐	适量
胡椒粉	少许

做法

1. 沸水锅加入少许盐，放入意大利面煮8~10分钟，并不停搅动，至熟捞起沥干。

2. 蘑菇、红甜椒洗净切片，与洗净的西蓝花一起入沸水氽烫；洋葱洗净切丁；蒜洗净切末。

3. 奶油加热至融化，放入蒜末、洋葱丁拌炒至软，再放入蘑菇片翻炒，续加入高汤、白酱、鲜奶油、盐及胡椒粉煮开后转小火。

4. 取沥干的意大利面加入酱汁锅中拌煮1~2分钟，再加入红甜椒片和氽烫过的西蓝花拌匀装盘即可。

芥末麻酱凉面

材料
熟面200克，芥末籽酱1大匙，芦笋丝、香芹叶各适量

调料
芝麻酱、白糖、酱油各1大匙，水果醋20毫升，凉开水50毫升

做法
1. 取一碗，放入芥末籽酱及所有调料搅拌均匀，即为芥末麻酱。
2. 食用前将芥末麻酱直接淋在熟面上，再加上汆烫过的芦笋丝拌匀，再放上香芹叶装饰即可。

泰式酸辣酱面

材料
熟面200克，洋葱丝30克，西红柿1个，鸡肉丝50克，小黄瓜丝20克，凉开水50毫升

调料
泰国酸辣汤酱1大匙，柠檬原汁15毫升，白糖1大匙

做法
1. 西红柿洗净切成条状备用。
2. 汤锅倒入适量水煮沸，放入鸡肉丝以小火汆烫约3分钟，捞出用凉开水冲凉备用。
3. 将所有调料和凉开水混合拌匀即为泰式酸辣酱。
4. 将熟面放入盘中，铺上洋葱丝、西红柿条、鸡肉丝、小黄瓜丝，淋上泰式酸辣酱即可。

荞麦冷面

材料
荞麦面100克，海苔、葱花各适量

调料
荞麦凉面汁、芥末、七味粉各适量

做法

❶ 荞麦面煮熟后用冰水冲洗，使面条降温并冲去面条的黏液与涩味。

❷ 将荞麦面盛盘后撒上海苔。

❸ 再将荞麦凉面汁装入深底小杯中，依个人喜好酌量加入葱花、芥末及七味粉拌匀，食用时取荞麦面蘸上酱汁即可。

酸奶青蔬凉面

材料
熟面200克，西蓝花50克，芦笋30克

调料
原味酸奶100毫升，色拉酱50克，水果醋1小匙，盐1/4小匙，白糖1/2小匙

做法

❶ 西蓝花洗净切小块；芦笋洗净切段。

❷ 汤锅倒入适量水煮沸，分别将西蓝花块、芦笋段放入锅中汆烫约30秒，取出泡冷开水冷却备用。

❸ 将所有调料混合搅拌均匀，再加入冷却后的西蓝花、芦笋段拌匀即为酸奶青蔬酱。

❹ 食用前直接将酸奶青蔬酱淋在熟面上拌匀即可。

鲜奶苹果酱面

材料
魔芋面200克，苹果1个，鲜奶100毫升，小黄瓜丝适量

调料
色拉酱3大匙，白醋、白糖各1大匙，盐1/4小匙

做法
1. 苹果洗净，去皮去籽，切小块备用。
2. 将苹果块、鲜奶放入果汁机搅打成汁状。
3. 取一碗，倒入鲜奶苹果汁，再加所有调料调匀即为鲜奶苹果酱。
4. 将魔芋面汆烫后，用冷开水冲洗，过凉后摆盘，再淋上鲜奶苹果酱，加上小黄瓜丝即可。

意式鸡肉冷面

材料
意大利螺丝面100克，鸡胸肉100克，罗勒叶少许，葱花10克，圣女果、香菜、食用油各适量

调料
盐1/2小匙，粗黑胡椒粉、白糖各少许，酱油、陈醋、香油各5毫升

做法
1. 将意大利螺丝面煮熟，捞出冷却，加少许食用油拌匀。
2. 将所有调料加少许食用油和葱花调匀成酱汁；圣女果洗净对半切开；香菜洗净。
3. 鸡胸肉洗净，放入沸水中以大火煮约15分钟，取出沥干，待凉切薄片备用。
4. 将拌好的面放置在盘中间，圣女果、鸡胸肉片排盘后，淋上调好的酱汁，撒上罗勒末，放上香菜即可。

和味萝卜泥面

材料
熟面150克，白萝卜150克，姜泥30克，柴鱼片5克，熟白芝麻3克，海苔1张

调料
酱油、白糖各1小匙，白醋1/2小匙，盐1/4小匙

做法

❶ 白萝卜洗净去皮，用磨泥器磨成泥状；海苔用手撕成条备用。

❷ 白萝卜泥加入所有调料及姜泥拌匀备用。

❸ 再放入熟白芝麻、柴鱼片拌匀，即为和味萝卜泥。

❹ 食用前直接将和味萝卜泥淋在熟面上，再放上海苔条即可。

色拉酱拌面

材料
乌冬面200克，西红柿1个，罗勒1片

色拉酱材料
色拉酱1大匙，腌渍梅肉5克，番茄酱1大匙

做法

❶ 西红柿洗净，轻划"十"字放入沸水中，汆烫至表皮裂开后捞起去除表皮，并切成小块备用。

❷ 将西红柿块与色拉酱材料混合拌匀备用。

❸ 罗勒洗净，部分切丝；乌冬面入沸水汆烫，捞起沥干备用。

❹ 取一碗，放入沥干的乌冬面，淋上混匀的酱汁拌匀，放上罗勒丝拌匀，最后饰以罗勒叶即可。

肉酱意大利面

📋 **材料**

意大利面100克，猪肉末20克，洋葱末10克，胡萝卜末、西芹末各5克，番茄糊1/2小匙，番茄汁30毫升，食用油、罗勒叶、罗勒丝各适量

🫙 **调料**

意大利综合香料1/4小匙，月桂叶1片，白糖1/2小匙，吉士粉5克

🍳 **做法**

❶ 意大利面放入沸水中煮熟，捞起泡冷水至凉，再以少许食用油拌匀。

❷ 热油锅炒香猪肉末、洋葱末，加入胡萝卜末、西芹末、番茄糊、番茄汁拌炒均匀，再加入意大利综合香料、月桂叶、罗勒丝，转小火煮至汤汁变浓稠。

❸ 加入意大利面及白糖、吉士粉拌匀，放上罗勒叶装饰即可。

蟹肉天使面

📋 **材料**

细面150克，蟹腿肉50克，芦笋段（斜切）20克，奶油30克，高汤200毫升

🫙 **调料**

白酱150克，白酒10毫升，盐1/4小匙

🍳 **做法**

❶ 细面在水煮沸时放入，煮5~7分钟即可捞起备用。

❷ 在平底锅中放入奶油，待融化后，加入蟹腿肉炒香，放入芦笋段拌炒，淋上白酒。

❸ 加入其余调料和高汤，最后再放入煮熟的细面拌匀即可。

奶油蛤蜊面

材料

圆直面80克，蛤蜊12颗，洋葱末10克，香芹碎1/4小匙，动物性鲜奶油40克，橄榄油适量

调料

盐1/4小匙，白酒1大匙，黑胡椒粒1/4小匙

做法

❶ 将圆直面放入沸水中煮熟后，捞起泡冷水至凉，再以少许橄榄油拌匀，备用。

❷ 蛤蜊放在加入少许盐（分量外）的水中吐沙，洗净备用。

❸ 热油锅，炒香洋葱末，加入动物性鲜奶油、调料及蛤蜊，煮到蛤蜊都开口后，加入圆直面拌匀，撒上香芹碎拌匀即可。

辣味蛤蜊面

材料

意大利面100克，蛤蜊200克，蒜片10克，红辣椒片15克，罗勒叶、罗勒丝、食用油各适量

调料

白酒20毫升，盐1/4小匙，香芹末1/4小匙，胡椒1/4小匙

做法

❶ 意大利面放入沸水中煮熟，捞起泡冷水至凉，再以少许食用油拌匀备用。

❷ 热油锅以小火炒香蒜片、红辣椒片，再加入处理干净的蛤蜊及白酒，至蛤蜊略开口后捞起。

❸ 于原锅中放入拌好的意大利面煮1分钟，加入蛤蜊、罗勒丝及其余调料拌匀，盛盘后放上罗勒叶即可。

辣味鸡柳面

材料
熟意大利面200克,鸡胸肉100克,蒜末、红辣椒片、香芹末、洋葱丝各10克,食用油适量

调料
高汤200毫升,白酱80克,鲜奶油、奶油各50克,盐、胡椒粉各少许

腌料
米酒、香油、味醂、淀粉、盐、胡椒粉各适量

做法
1. 鸡胸肉洗净切条,加腌料腌30分钟。
2. 热锅加入食用油,放入鸡肉条炒熟取出。
3. 奶油加热至融化,放入蒜末、红辣椒片、洋葱丝炒香,加入高汤、白酱、鲜奶油煮开,放入炒好的鸡肉条、盐及胡椒粉后改小火续煮,加入熟意大利面略拌,撒上香芹末拌匀即可。

鲑鱼奶油面

材料
蝴蝶面100克,鲑鱼片100克,蒜末10克,葱花5克,高汤200毫升,食用油适量

调料
盐、胡椒粉各适量,白酱80克,鲜奶油60克,奶油100克

做法
1. 鲑鱼片加少许盐、葱花腌30分钟。
2. 热油锅,将腌好的鲑鱼片煎熟后切成丁。
3. 沸水锅加少许盐,将蝴蝶面煮10~12分钟,并不停搅动,至熟捞起沥干。
4. 奶油煮至融化,加入蒜末炒香,再加入高汤、鲜奶油、白酱、少许盐及胡椒粉煮开后转小火,放入沥干的蝴蝶面略拌煮,再放入鲑鱼丁拌匀,装盘即可。

牛肉丸子蝴蝶面

材料

蝴蝶面	100克
洋葱末	20克
迷迭香末	少许
百里香末	少许
蒜末	10克
玉米粉	5克
牛肉末	80克
香芹末	1/4小匙
食用油	适量
高汤	50毫升

调料

盐	适量
白糖	1/4小匙
蛋液	50克
胡椒粉	1/4小匙
番茄糊	2大匙
红酒	100毫升

做法

❶ 蝴蝶面放入沸水中煮熟后，捞起泡冷水至凉，再以少许食用油拌匀，备用。

❷ 牛肉末加入洋葱末、迷迭香末、百里香末、蒜末、玉米粉、盐、白糖、蛋液拌匀，略摔打至出筋，用手抓成每个直径约为2厘米大小的丸子。

❸ 锅中倒入食用油以小火烧热至180℃，放入牛肉丸子以小火炸2分钟至熟捞出，再以红酒略煮至入味（约5分钟）。

❹ 平底锅内放入番茄糊、高汤、胡椒粉、盐及拌好的蝴蝶面以小火拌煮均匀，起锅后置盘中，再摆上牛肉丸子，最后撒上香芹末即可。

什锦海鲜面

材料
水管面150克，鲜虾6只，蛤蜊100克，墨鱼20克，蒜片10克，西红柿丁20克，黑橄榄片2克，罗勒末、食用油各适量

调料
盐1小匙，白酒1大匙

做法
❶ 将水管面放入沸水中煮熟，泡冷水冰镇后，沥干再以少许食用油拌匀。
❷ 将处理干净的鲜虾、蛤蜊、墨鱼放入沸水中烫熟，再放入冰水中待凉，然后捞起沥干备用。
❸ 取一容器，放入水管面、沥干的海鲜、其余材料和全部调料拌匀即可。

鲔鱼水管面

材料
水管面150克，鲔鱼罐头100克，色拉酱50克，洋葱末30克，水煮蛋1个，罗勒丝3克，食用油适量

调料
粗黑胡椒粒1/4小匙，盐少许

做法
❶ 沸水锅加入盐、食用油，放入水管面煮10~12分钟至熟，捞出沥干，以适量食用油拌匀。
❷ 将水煮蛋的蛋白与蛋黄分开，分别切末，备用。
❸ 将鲔鱼罐头内的油沥干，加入洋葱末、蛋白末与粗黑胡椒粒拌匀，接着加上色拉酱、罗勒丝与拌好的水管面拌匀，食用前加上蛋黄末即可。

油醋汁凉面

材料
意大利细圆面150克，红甜椒、黄甜椒各1/4个，生菜丝、火腿丝、奶酪丝、食用油各适量

调料
红酒醋50毫升，蒜泥1大匙，洋葱末1大匙，香芹末、黑胡椒盐各少许

做法
1. 在煮开的盐水（1%浓度）中加少许食用油，放入意大利细圆面煮熟捞起，冲凉沥干备用。
2. 将红甜椒、黄甜椒洗净，去籽切丁。
3. 将全部调料加少许食用油搅拌均匀成意式油醋汁备用。
4. 将意大利细圆面装盘，摆上红甜椒丁、黄甜椒丁、生菜丝、火腿丝、奶酪丝，淋上适量意式油醋汁即可。

培根奶油面

材料
笔管面100克，培根丁20克，洋葱丝、胡萝卜丁各20克，蒜片、香菜末各10克，食用油适量

调料
白酱5大匙，盐3克，意大利综合香料、黑胡椒粉各少许

做法
1. 沸水锅加入适量食用油、盐和笔管面，煮约8分钟至熟，捞起泡入冷水中，再加入少许食用油，拌匀放凉。
2. 取一炒锅，加入少许食用油，先放入培根丁炒香，再加入蒜片、胡萝卜丁、洋葱丝拌炒，接着加入白酱拌匀，然后再加入其余调料和笔管面拌匀，最后撒上香菜末即可。

轻甜蔬果凉面

📋 **材料**

意大利圆直面150克，胡萝卜10克，小黄瓜10克，苹果10克，水蜜桃罐头100克，香芹末适量

🧂 **调料**

色拉酱50克，盐、白胡椒粉各适量

🍳 **做法**

❶ 锅中加适量水和少许盐（分量外）煮开，放入圆直面搅开煮沸，持续滚沸12分钟。

❷ 将煮好的意大利圆直面捞起，泡入冰开水中至冷备用。

❸ 胡萝卜洗净、削皮，对切后再分别切细丝；小黄瓜洗净后切细丝；苹果洗净后切细丝；水蜜桃洗净后切块。

❹ 所有调料混匀，放入冷意大利圆直面、胡萝卜丝、小黄瓜丝、苹果丝、水蜜桃块一起拌匀后，撒上香芹末即可。

凉拌鸡丝面

📋 **材料**

意大利细面100克，鸡胸肉100克，青椒丝、红甜椒丝各30克，小黄瓜丝50克，火腿丝20克，胡萝卜丝30克，香菜少许，食用油适量

🧂 **调料**

芝麻酱10克，酱油5毫升，香油2小匙，柠檬汁20毫升，粗黑胡椒粉少许

🍳 **做法**

❶ 意大利细面煮熟，冷却后拌少许食用油。

❷ 鸡胸肉放入沸水中煮约15分钟至熟后，捞出冷却撕成丝状，与青椒丝、红甜椒丝、小黄瓜丝、火腿丝、胡萝卜丝一起排于盘中，淋上柠檬汁。

❸ 将食用油、粗黑胡椒粉、芝麻酱、酱油、香油拌匀，淋在意大利细面上，撒上香菜即可。

海鲜酸辣面

材料
细面100克，综合海鲜100克，香菜末3克

调料
泰式酸辣酱2大匙

做法
1. 将综合海鲜放入沸水中，烫熟后捞起泡入冰水中备用。
2. 细面在水开时放入，煮约6分钟即捞起放入碗中。
3. 在面碗中淋上泰式酸辣酱，再加入冰好的综合海鲜拌匀，最后再撒上香菜末即可。

鲜虾凉拌细面

材料
意大利细面1小把，虾仁120克，罗勒2棵，红辣椒1个，食用油适量

调料
番茄酱1大匙，辣椒水、盐、黑胡椒粉各少许

做法
1. 将虾仁去虾线洗净，放入沸水中氽烫熟后备用。
2. 将意大利细面放入沸水中煮10分钟，捞起滤水后冷却备用。
3. 罗勒洗净，部分切丝；红辣椒洗净，切丝备用。
4. 将熟虾仁、意大利细面、罗勒、红辣椒丝、所有调料与少许食用油一起搅拌均匀，再将面条卷起盛盘即可。

西红柿鲜虾面

材料
细面100克，新鲜虾仁80克，食用油适量，香菜少许

调料
番茄莎莎酱3大匙

做法
1. 煮开一锅水，加少许盐（材料外），放入细面，用夹子搅开，煮3~4分钟至全熟，捞起沥干。
2. 将沥干的细面摊开在大盘上，加入适量食用油拌匀，放凉备用。
3. 新鲜虾仁洗净，放入沸水中氽烫至熟，捞起泡冰开水备用。
4. 将拌好的细面卷起放入盘中，再淋上番茄莎莎酱，最后摆上熟虾仁和香菜即可。

菠菜凉面

材料
水管面100克，菠菜100克，红甜椒50克，圣女果8颗，奶酪丁2大匙，葱末3大匙，罗勒末20克，食用油适量

调料
白醋1大匙，芥末籽酱1小匙，盐1/2小匙，胡椒粉1/4小匙，蒜泥1小匙

做法
1. 先将水管面放入沸水中煮至熟，再捞起沥干，加入少许食用油拌匀，盛入盘中放凉备用。
2. 菠菜洗净后，放入沸水中氽烫，再捞起沥干，切成碎末；红甜椒洗净切丁；圣女果洗净对切。
3. 将放凉的水管面、菠菜末、红甜椒丁和所有的调料拌匀，放上其余材料即可。

香橙虾仁冷面

材料
水管面150克，虾仁20克，红甜椒丁5克，黄甜椒丁5克，青椒丁5克，苹果片、食用油各适量

调料
柳橙汁30毫升，盐、白胡椒粉、香芹末、匈牙利红椒粉各适量

做法
1. 取汤锅加水，加入少许盐后煮开，放入水管面煮约10分钟，将煮好的水管面捞起，泡入冰开水中至冷。
2. 虾仁洗净后放入沸水中烫至熟捞起。
3. 取一碗，加入柳橙汁、食用油、盐、白胡椒粉混匀，再把红甜椒丁、黄甜椒丁、青椒丁、冷水管面及熟虾仁放入，拌匀后放入以苹果片铺底的盘中，撒上香芹末、匈牙利红椒粉即可。

橙香天使面

材料
细面150克，柳橙20克，苹果10克，甜菜根10克，甜菜根丁20克，苹果丁20克，柳橙汁50毫升，酸奶60毫升，香菜3克，食用油适量

调料
白糖、盐各少许

做法
1. 锅中加入水煮开，将细面放入锅中煮3~5分钟，沥干后拌少许食用油。
2. 把甜菜根丁、苹果丁、柳橙汁、酸奶及白糖、盐放入果汁机中打至均匀成香橙苹果甜菜酱；柳橙取肉切丁；苹果、甜菜根洗净切丁；香菜洗净切末，备用。
3. 将适量香橙苹果甜菜酱放在拌好的细面上，撒上柳橙丁、苹果丁、甜菜根丁和香菜末即可。

和风熏鸡面

材料
圆直面100克，熏鸡胸肉片30克，苜蓿芽5克，小豆苗2克，食用油适量

调料
山葵1/2小匙，味醂5大匙，日式酱油1大匙，七味粉1/4小匙，柚子汁1大匙

做法
1. 煮开一锅水，加少许盐（材料外），放入圆直面，用夹子搅开，煮8分钟至全熟，捞起沥干后摊开在大盘上，加少许食用油拌匀放凉备用。
2. 将所有调料加少许食用油拌匀成日式和风酱备用。
3. 将放凉的圆直面加入适量日式和风酱拌匀，再摆上熏鸡胸肉片和洗净的苜蓿芽、小豆苗即可。

南洋风味面

材料
菠菜面100克，综合海鲜80克，芦笋段30克，圣女果片5克，红辣椒片1小匙，橄榄油适量

调料
蒜末1/2小匙，泰式鱼露3大匙，椰糖1大匙，红辣椒末1/2小匙，柠檬汁2大匙，泰式辣油1小匙，香菜末1/4小匙

做法
1. 所有调料拌匀成泰式酸辣酱。
2. 煮滚一锅水，加少许盐（材料外），放入菠菜面煮8分钟至熟，捞起沥干。
3. 将面条摊开在大盘上，加点橄榄油拌匀放凉；综合海鲜入沸水汆熟后捞起。
4. 将菠菜面加入泰式酸辣酱拌匀，摆上综合海鲜、汆烫后的芦笋段、圣女果片和红辣椒片拌匀即可。

西芹冷汤面

材料
圆直面（熟）150克，西芹30克，胡萝卜80克，甜豆荚50克，凉开水300毫升

调料
水果醋2大匙，盐1/2小匙，蜂蜜1大匙

做法
1. 西芹洗净切小段；胡萝卜去皮切小块。
2. 将西芹段、胡萝卜块放入沸水中，以小火煮约10分钟后捞出沥干。
3. 将西芹段、胡萝卜块、凉开水全部放入果汁机中搅打呈泥状，滤出蔬菜汁备用。
4. 将所有调料加入做法3的碗中搅拌均匀，即为西芹胡萝卜冷汤汁。
5. 另取一碗，先将熟圆直面放入碗中，再将西芹胡萝卜冷汤汁倒在面上，最后加上烫熟的甜豆荚即可。

西班牙冷汤面

材料
圆直面（熟）200克，西芹、胡萝卜各20克，西红柿1个，小黄瓜1/2根，红甜椒1/2个，洋葱50克，鸡高汤500毫升，橄榄油、香芹叶各少许

调料
番茄酱2大匙，盐1/2小匙

做法
1. 所有蔬菜洗净切丁备用。
2. 锅中注油烧热，放入除小黄瓜外的所有蔬菜丁续炒约3分钟。
3. 将鸡高汤倒入做法2的锅中，小火煮20分钟，再加入所有调料即可熄火。
4. 待做法3的材料冷却，与小黄瓜丁一起装盘，放置冰箱冰凉即为西班牙冷汤汁。
5. 将圆直面放入碗内，倒入西班牙冷汤汁，放上香芹叶装饰即可。

米兰式米粒面

材料

米粒面180克，奶油40克，洋葱末40克，培根丝40克，熟西蓝花6朵，奶酪粉适量，水200毫升

调料

橄榄油60毫升，洋葱末40克，蒜末10克，西红柿块350克，番茄酱6大匙，盐适量，罗勒叶20片，帕玛森干酪2大匙

做法

❶ 热锅，放入调料中的橄榄油，炒香洋葱末、蒜末，西红柿块放入锅中拌炒，加入番茄酱与水煮1分钟，加盐调味，起锅前撒上罗勒叶与帕玛森干酪成米兰番茄酱。

❷ 以小火用奶油炒香洋葱末与培根丝，加入煮熟的米粒面拌炒1分钟。

❸ 加入熟西蓝花略炒，最后加入适量米兰番茄酱炒匀，装盘并撒上适量奶酪粉即可。

意式风味凉面

材料

螺旋面100克，红甜椒碎20克，黑橄榄20克，洋葱末1大匙，芹菜碎1大匙，综合胡椒碎1小匙

调料

橄榄油3大匙，意大利陈醋2大匙，红酒醋1大匙，凉开水3大匙，柳橙碎2大匙，罗勒叶碎1小匙，香芹碎1小匙，蒜末1/2小匙，薄荷叶碎1小匙，奶酪粉1大匙

做法

❶ 将螺旋面放入沸水中煮熟，捞起沥干，加入少许橄榄油（分量外）拌匀，放凉。

❷ 将所有调料混合拌匀成意式风味酱汁；黑橄榄洗净去核，备用。

❸ 于螺旋面上淋上适量意式风味酱汁，再放上黑橄榄和其余材料，食用前拌匀即可。

新加坡淋面

材料
细鸡蛋面	150克
虾	80克
叉烧肉丝	50克
香菇丝	20克
豆芽	50克
鸡蛋	1个
葱丝	20克
香菜	少许
食用油	适量
高汤	250毫升

调料
蚝油	1大匙
酱油	2小匙
白糖	1小匙
白胡椒粉	少许
淀粉	15小匙
水	15毫升
香油	少许

做法
❶ 细鸡蛋面放入沸水中煮熟，捞起沥干盛盘；将虾去头留尾并剥除虾壳，以沸水汆烫后捞起沥干备用。

❷ 将鸡蛋打散成蛋液，放入烧热的油锅中煎成薄蛋皮，盛起并切丝备用。

❸ 淀粉、水调匀成水淀粉备用。

❹ 热油锅，以小火爆香葱丝，转中火，加入汆烫过的虾、叉烧肉丝及香菇丝快炒数下，再加入高汤、蚝油、酱油、白糖、白胡椒粉以大火煮沸；加入豆芽略炒并以水淀粉勾芡，起锅前滴入香油拌匀，淋在沥干的面上，撒上鸡蛋丝及香菜即可。

鸡肉青酱面

材料
圆直面120克，鸡胸肉片80克，蘑菇片20克，蒜片5克，红甜椒丁5克，黑橄榄片10克，橄榄油少许

调料
青酱2大匙

做法
① 将圆直面放入沸水中煮熟后，泡冷水冰镇，沥干后以少许橄榄油拌匀备用。
② 将蘑菇片和鸡胸肉片分别放入沸水中煮熟后，捞起泡冷水至凉备用。
③ 取一个容器，放入所有材料和调料，拌匀即可。

茄汁鲭鱼面

材料
圆直面120克，鲭鱼（罐头）50克，青豆20克，高汤150毫升

调料
意大利综合香料、香芹末各少许，番茄酱2大匙

做法
① 圆直面放入煮沸的水中煮约4分钟后捞起，沥干水分备用。
② 热锅，加入高汤、鲭鱼和所有调料、青豆，以中火拌煮约1分钟。
③ 加入圆直面拌匀，续煮至汤汁收干即可。

PART 3

香浓炒面

不管是台式炒面、广州炒面，还是韩式泡菜炒面、香辣泰式鸡面等其他各式炒面，都同样有丰富多变的配料，经过拌炒，让平凡无奇的面条，立刻充满了各种食材的鲜美滋味，散发出一股浓浓的香味！

台式经典炒面

材料
油面200克，香菇丝5克，虾米15克，肉丝、圆白菜丝各50克，胡萝卜丝、红葱末各10克，高汤100毫升，食用油、葱花各少许

调料
盐1/2小匙，鸡精1/4小匙，白糖、陈醋各少许

做法

❶ 热锅倒入食用油烧热，小火爆香红葱末，加入香菇丝、洗净的虾米及肉丝一起炒至肉丝变色，再加入胡萝卜丝、圆白菜丝炒至微软后，加入所有调料和高汤煮沸。

❷ 最后加入油面和葱花一起拌炒至汤汁收干即可。

大面炒

材料
粗油面200克，豆芽80克，韭菜段60克，胡萝卜丝20克，水100毫升，肉臊适量

调料
酱油1大匙，鸡精少许，油葱酥油1大匙

做法

❶ 热锅，加入油葱酥油、酱油、鸡精与水煮开，放入粗油面拌炒均匀，盛盘备用。

❷ 把胡萝卜丝、洗净的豆芽、韭菜段放入沸水中汆烫至熟，捞出沥干备用。

❸ 把汆烫过的材料放在面上，最后加入肉臊即可。

虾仁炒面

材料

阳春面160克，虾仁100克，韭黄50克，红辣椒末10克，蒜末5克，高汤50毫升，食用油适量

调料

蚝油1/2大匙，鸡精1/4匙，盐、白糖、胡椒粉各少许

做法

❶ 虾仁去虾线洗净；韭黄洗净切段备用。

❷ 煮一锅沸水，将阳春面放入煮约2分钟后捞起，冲冷水至凉后捞起，沥干备用。

❸ 热一油锅，放入蒜末、红辣椒末爆香，再加入洗净的虾仁炒至变红。

❹ 再放入韭黄段、高汤及所有调料一起快炒至香，最后加入沥干的阳春面一起炒匀至收汁、入味即可。

猪肝炒面

材料

熟面200克，猪肝150克，韭菜花80克，蒜片5克，红辣椒圈10克，高汤100毫升，食用油适量

调料

酱油、酱油膏各1/2大匙，白糖1/4小匙，米酒1小匙，陈醋1/3大匙，香油、盐各少许

做法

❶ 猪肝洗净切片；韭菜花洗净切段备用。

❷ 热锅倒入食用油烧热，放入蒜片爆香后，加入红辣椒圈和猪肝片快炒约2分钟。

❸ 加入韭菜花、酱油、酱油膏、白糖、盐、米酒、高汤和熟面一起拌炒均匀至收汁。

❹ 最后加入陈醋、香油，炒均匀即可。

羊肉炒面

材料
鸡蛋面170克，羊肉片150克，空心菜50克，姜末、蒜末、红辣椒丝各5克，食用油适量

调料
沙茶酱、蚝油各2大匙，酱油膏1/2大匙，盐、白糖各少许，鸡精1/4小匙，米酒1大匙

做法
1. 煮一锅沸水，将鸡蛋面放入煮约1分钟后捞起，冲冷水至凉后捞起，沥干备用；空心菜洗净切段备用。
2. 热锅，倒入食用油烧热，放入姜末、蒜末和红辣椒丝爆香后，加入羊肉片炒至变色，再加入沙茶酱炒匀后盛盘。
3. 重热原油锅，放入空心菜段大火炒至微软后，加入沥干的鸡蛋面、炒过的羊肉片和其余调料一起拌炒入味即可。

罗汉斋炒面

材料
炒面150克，豆芽、草菇各50克，甜豆荚、黑木耳丝各30克，面筋、香菇丝、胡萝卜丝、黄花菜各20克，食用油适量，高汤250毫升

调料
酱油、蚝油各2小匙，盐1/2小匙，鸡精、白糖各1小匙，白胡椒粉、水淀粉、香油各少许

做法
1. 炒面煮熟后沥干，放入油锅中煎至微焦盛盘；豆芽、草菇、黄花菜洗净备用。
2. 另热一油锅，放入豆芽、草菇、甜豆荚、面筋、香菇丝、胡萝卜丝、黑木耳丝、黄花菜快炒数下；加入高汤、酱油、蚝油、盐、鸡精、白糖、白胡椒粉煮沸，以水淀粉勾芡，淋入香油，倒在面上即可。

牛肉炒面

🥘 材料

拉面	150 克
牛肉丝	100 克
洋葱	80 克
青椒	40 克
黄甜椒	40 克
蒜末	5 克
姜末	5 克
食用油	适量

🧂 调料

黑胡椒末	1 小匙
酱油	1 小匙
蚝油	1/2 小匙
香油	少许
盐	少许
白糖	少许

🫙 腌料

淀粉	少许
酱油	少许
白糖	少许

📖 做法

1. 洋葱洗净切丝；青椒洗净切丝；黄甜椒洗净切丝备用。
2. 取一碗，将牛肉丝及所有腌料一起放入抓匀，腌制约5分钟备用。
3. 煮一锅沸水，将拉面放入沸水中煮约4分钟后捞起，冲冷水至凉后捞起，沥干备用。
4. 热锅入油烧热，放入蒜末、姜末爆香后，加入腌好的牛肉丝略微拌炒后盛盘。重热原油锅，倒入食用油烧热，放入洋葱丝炒软后加入青椒丝、黄甜椒丝炒匀。
5. 再加入沥干的拉面、炒过的牛肉丝和所有调料，一起快炒均匀至入味即可。

什锦炒面

材料
油面（熟）200克，猪肉50克，虾仁6只，黑木耳15克，豆芽15克，韭菜30克，蒜末1大匙，食用油适量

调料
盐1/2小匙，白胡椒粉少许，鲜味露1小匙，高汤5大匙

做法
1. 猪肉洗净切丝；虾仁去虾线洗净；黑木耳洗净切丝；韭菜洗净切段。
2. 锅中加入食用油以小火爆香蒜末，加入猪肉丝、黑木耳丝及洗净的虾仁以中火炒约1分钟，加入所有调料、油面后转大火拌炒约30秒，加入洗净的豆芽、韭菜段炒数下即可。

蘑菇面

材料
细油面250克，胡萝卜丁、青豆、玉米粒各30克，蒜末、葱末各5克，食用油适量，鸡蛋1个

调料
蘑菇酱150克

做法
1. 热锅，倒入食用油烧热，放入蒜末、葱末爆香后，加入胡萝卜丁、青豆、玉米粒和细油面炒匀，再放入蘑菇酱拌炒均匀至入味后盛盘。
2. 另热一油锅，倒入食用油烧热，煎一个荷包蛋后淋上少许蘑菇酱（分量外），起锅摆在炒好的蘑菇面上即可。

韩式泡菜炒面

材料
宽拉面150克，牛肉片、韩国泡菜各100克，蒜苗1棵，蒜末20克，食用油适量，高汤150毫升

调料
辣椒酱1大匙，盐1/4小匙，鸡精1/3小匙，白糖1小匙，白醋1大匙

做法

❶ 宽拉面煮熟，过冷水至凉再沥干；韩国泡菜切成小块；蒜苗洗净以斜刀切丝备用。

❷ 热油锅略炒蒜末、辣椒酱，放入高汤、盐、鸡精、白糖、白醋煮沸，放入牛肉略烫至8分熟时捞起（锅中汤汁仍保留）。

❸ 放入泡菜块煮沸，放入宽拉面，以中火拌炒至汤汁收干并入味时即起锅装盘。

❹ 将8分熟的牛肉与炒好的泡菜拉面拌炒匀匀，再摆上蒜苗丝即可。

叉烧炒面

材料
广东生面150克，叉烧肉30克，姜10克，葱15克，食用油适量，水150毫升

调料
蚝油15大匙，鸡精1/4小匙，胡椒粉1/4小匙

做法

❶ 煮一锅沸水，放入广东生面汆烫约2分钟后捞起，冲冷水至凉再沥干备用。

❷ 叉烧肉切丝；姜洗净切丝；葱洗净切丝。

❸ 热锅，倒入食用油烧热，放入姜丝爆香，再加入水、叉烧肉丝及所有调料一起拌炒后煮沸。

❹ 最后加入沥干的广东生面一起拌炒至汤汁收干，盛盘，放上葱丝即可。

广东炒面

材料

广东鸡蛋面150克，虾仁4只，叉烧肉片、墨鱼片、猪肉片、胡萝卜片各30克，西蓝花5朵，水250毫升，食用油适量，水淀粉15小匙

调料

蚝油1大匙，盐1/4小匙，水250毫升

做法

1. 广东鸡蛋面放入沸水中煮至软后捞起，加入少许食用油拌开备用。
2. 墨鱼片、虾仁、猪肉片、西蓝花及胡萝卜片分别放入沸水中汆烫后捞起。
3. 热锅倒入食用油烧热，放入广东鸡蛋面以中火将面煎至酥黄后沥油、盛盘。
4. 重热油锅，放入做法2的材料及叉烧肉片略炒至香，倒入水及所有调料拌匀煮开。
5. 以水淀粉勾芡，起锅淋在面上即可。

干烧伊面

材料

伊面1块，干香菇30克，比目鱼粉1/2小匙，韭黄30克，食用油适量，水250毫升

调料

蚝油1大匙，酱油1/2小匙，盐1/4小匙，白糖1/4小匙，胡椒粉少许

做法

1. 煮一锅沸水，将伊面放入煮至软后捞起、放凉。
2. 韭黄洗净切段；干香菇泡软后捞起，洗净切丝备用。
3. 热锅，倒入食用油烧热，放入水、所有调料、比目鱼粉、香菇丝及放凉的伊面一起拌炒均匀后，改中火煮至汤汁收干。
4. 起锅前加入韭黄段稍微炒匀即可。

XO酱炒面

材料
广东鸡蛋面150克，洋葱丝、韭黄段各20克，墨鱼丝50克，虾仁30克，食用油适量，水100毫升

调料
蚝油1/2小匙，盐1/4小匙，XO酱1.5大匙

做法
1. 广东鸡蛋面煮软，加入少许食用油拌开。
2. 虾仁去虾线洗净，汆烫后过冷水备用。
3. 锅中加食用油烧热，放入广东鸡蛋面煎至酥黄，用冷开水冲去油分，盛盘。
4. 重热油锅，放入洋葱丝以小火快炒2分钟至软后，加入虾仁、墨鱼丝略炒。
5. 再加入水、所有调料及煎好的广东鸡蛋面，以中火快炒均匀让面条散开。
6. 最后放入韭黄段拌炒至汤汁收干即可。

上海粗炒

材料
粿条150克，猪肉丝80克，圆白菜丝50克，香菇丝、胡萝卜丝各20克，葱段10克，食用油适量，水100毫升

调料
蚝油1小匙，白糖1/4小匙

腌料
淀粉少许，盐1/4小匙

做法
1. 取一碗，将猪肉丝及所有腌料一起放入抓匀，腌制约5分钟备用。
2. 粿条放入沸水中煮熟，冲冷水沥干备用。
3. 热锅，倒入食用油烧热，放入腌好的猪肉丝及葱段拌炒至肉变色，再放入圆白菜丝、香菇丝、胡萝卜丝、水、调料和粿条，一起快炒至汤汁收干即可。

福建炒面

材料
湿粗米粉150克，虾仁30克，墨鱼4片，洋葱丝10克，豆芽30克，猪肉片20克，蒜末10克，食用油适量，水100毫升

调料
酱油1小匙，南洋红酱油1小匙，盐1/4小匙

做法
1. 湿粗米粉放入沸水中煮约5分钟熄火，盖上锅盖让面条闷至软透再捞出。
2. 墨鱼洗净汆烫后捞起；虾仁去虾线洗净；豆芽洗净备用。
3. 热锅倒入食用油烧热，放入蒜末爆香，加入洗净的虾仁、汆烫过的墨鱼、猪肉片拌炒至肉变色。
4. 再加入水、豆芽、洋葱丝、所有调料和煮好的粗米粉，大火快炒至汤汁收干即可。

鳝鱼意大利面

材料
炸意大利面200克，鳝鱼片100克，葱段10克，洋葱丝20克，红辣椒片5克，蒜末10克，圆白菜片50克，热水150毫升，水淀粉、食用油各适量

调料
盐1/4小匙，白糖1/2大匙，沙茶酱1/3大匙，米酒少许，陈醋2大匙

做法
1. 热锅，加入适量食用油，放入蒜末、葱段、洋葱丝、红辣椒片炒香，再放入圆白菜片与鳝鱼片快速翻炒拌匀，续加入全部调料与150毫升热水煮开，最后用水淀粉勾芡拌匀。
2. 将炸意大利面放入沸水中，焖烫约1分钟捞出沥干，盛盘备用。
3. 食用前，淋上适量做法1的材料拌匀即可。

肉酱炒面

材料
意大利面170克，肉酱100克，韭菜20克，豆芽25克，蒜末5克，食用油1大匙

调料
生抽1小匙，盐、鸡精各少许

做法

1. 韭菜洗净切段，将韭菜头、尾分开；豆芽洗净备用。

2. 煮一锅沸水，将意大利面放入煮熟后捞起，冲冷水至凉后捞起，沥干备用。

3. 热锅入油烧热，放入蒜末、韭菜头爆香，再加入肉酱及豆芽拌炒至香味溢出。

4. 最后加入沥干的意大利面、韭菜尾和所有调料，一起快速拌炒至入味即可。

羊肉炒面片

材料
羊肉片100克，上海青60克，蒜末2小匙，中筋面粉100克，葱片、食用油各适量，水40毫升

调料
辣椒酱、陈醋各2小匙，花椒粉、盐各少许，高汤130毫升，酱油1大匙，鸡精、白糖各1小匙

做法

1. 中筋面粉加少许盐、40毫升水揉匀成光滑的面团，静置20分钟醒发后揪成小片，入沸水锅煮熟捞起，泡入冷水后沥干备用。

2. 上海青洗净切小段备用。

3. 热油锅放入蒜末及辣椒酱以小火炒香，转中火，放入羊肉片快炒数下，再放入煮熟的面片及高汤、酱油、陈醋、盐、鸡精、白糖以大火炒至汤汁收干，加入上海青段和葱片略炒后盛起，撒上花椒粉即可。

卤汁牛肉炒面

材料
宽拉面150克，牛肉条200克，蒜苗段20克，蒜末1小匙，姜末1小匙，食用油适量

调料
辣椒酱2小匙，盐、白糖、花椒粉各少许

卤料
葱段、姜片各20克，辣豆瓣酱1大匙，香料包1包，酱油150毫升，白糖2小匙，水1200毫升

做法
1. 宽拉面放入沸水中煮熟后，捞起沥干备用。
2. 热油锅，爆香葱段、姜片，放入辣豆瓣酱炒香，放入牛肉条先将表面炒熟，加入其余卤料，以小火卤2小时至肉块软烂。
3. 另热油锅，放入蒜末、姜末及辣椒酱炒香，放入卤汁、盐、白糖、拉面炒干，加牛肉条及蒜苗段炒匀，撒上花椒粉即可。

参巴酱炒面

材料
油面200克，虾仁50克，鱿鱼丝50克，猪肉丝30克，洋葱1/4个，姜末1小匙，香茅碎1小匙，蒜苗丝、食用油各适量，高汤200毫升

调料
参巴酱、白糖各2小匙，辣椒酱、番茄酱各1大匙，炒面酱2大匙，柠檬汁1小匙

做法
1. 将虾仁及鱿鱼丝洗净，放入沸水中汆烫后捞起沥干；洋葱去皮洗净切丝备用。
2. 热油锅，小火爆香洋葱丝、姜末及香茅碎，加入参巴酱、辣椒酱炒香，加入猪肉丝、虾仁、鱿鱼丝快炒数下；放入高汤、炒面酱、番茄酱、白糖以大火煮沸，再加入油面拌炒至汤汁收干后盛盘，撒上蒜苗丝并滴上柠檬汁拌匀即可。

虾酱肉丝炒面

材料

油面（熟）200克，猪肉丝100克，韭黄段30克，豆芽50克，蒜末2小匙，食用油适量，高汤120毫升

调料

虾酱2小匙，香油少许，酱油1小匙，鱼露1大匙，鸡精1小匙，白糖1小匙

做法

1. 热油锅，放入蒜末及虾酱以小火爆香，再放入猪肉丝炒散。

2. 接着加入油面、高汤、酱油、鱼露、鸡精、白糖以大火炒至汤汁快收干时，再放入韭黄段及洗净的豆芽炒透，起锅前滴入香油拌匀即可。

海鲜炒乌冬面

材料

乌冬面200克，牡蛎50克，虾仁50克，墨鱼60克，葱段10克，鱼板2片，鱿鱼50克，蒜末5克，高汤100毫升，红辣椒片、食用油各适量

调料

盐少许，鲜味露1大匙，蚝油1小匙，鸡精1/2小匙，米酒1小匙，胡椒粉少许

做法

1. 牡蛎洗净；虾仁去虾线洗净；墨鱼洗净后于背部切花再切小片；鱿鱼洗净后于背部切花再切小片；鱼板切小片备用。

2. 热锅，倒入食用油烧热，放入蒜末和葱段爆香后，加入处理好的所有海鲜材料快炒至8分熟。

3. 放入高汤、所有调料一起煮开后，再加入乌冬面、红辣椒片拌炒至入味即可。

豉油皇炒面

材料

鸡蛋面	150 克
洋葱	1/4 个
干香菇	2 朵
水	100 毫升
韭黄	20 克
豆芽	30 克
白芝麻	少许
食用油	适量

调料

酱油	1 小匙
蚝油	1/2 小匙
盐	1/4 小匙
白糖	1/4 小匙
胡椒粉	1/4 小匙

做法

❶ 鸡蛋面放入沸水中煮至软后捞起，加入少许食用油拌开备用。

❷ 洋葱洗净切丝；干香菇泡软洗净切丝；韭黄洗净切段备用。

❸ 热锅倒入食用油烧热，放入拌好的鸡蛋面以中火将面煎至酥黄后盛盘。

❹ 以冷开水淋于煎好的鸡蛋面上，冲去多余的油分。

❺ 重热原油锅，放入洋葱丝、香菇丝以小火炒约2分钟至香。

❻ 再加入水、所有调料及冲去多余油分的鸡蛋面，以中火快炒均匀让面条散开。

❼ 最后放入洗净的豆芽及韭黄段拌炒至汤汁收干即可盛盘，再撒上白芝麻即可。

奶油炒乌冬面

材料
乌冬面200克，奶油1大匙，罗勒少许，食用油适量

调料
酱油1/2大匙，味醂1/2大匙，米酒2大匙，盐、胡椒粉各少许

做法
1. 罗勒洗净后切丝备用。
2. 将乌冬面氽烫，捞起沥干备用。
3. 热一锅，加入奶油至融化，放入沥干的乌冬面拌炒。
4. 依序加入调料充分拌炒入味后熄火，均匀撒上罗勒丝再略炒一下即可。

炒牛肉乌冬面

材料
乌冬面150克，牛肉丝50克，洋葱1/4个，豆芽20克，干香菇15克，食用油、葱各适量

调料
蚝油1小匙，酱油1小匙，白糖1/4小匙

做法
1. 乌冬面氽烫后捞起沥干备用；洋葱洗净切丝；葱洗净切段；干香菇洗净后泡软，切丝备用。
2. 热锅，倒入食用油烧热，放入牛肉丝、洋葱丝、香菇丝以小火炒香，加入乌冬面后以中火快炒约2分钟。
3. 再放入洗净的豆芽和所有调料一起拌炒，起锅前加入葱段即可。

泰式鸡丝面

材料
圆直面150克，蒜3瓣，鸡胸肉100克，红辣椒1/2个，炸腰果50克，香菜、橄榄油各适量

调料
泰式辣椒粉1大匙，酱油1大匙，盐适量

做法
1. 在煮滚的盐水(1%浓度)中加少许橄榄油，放入圆直面煮熟，捞起沥干备用。
2. 将蒜洗净切片；鸡胸肉洗净切丝；红辣椒洗净切丝备用。
3. 将少许橄榄油在锅中烧热，放入蒜片爆香，加入鸡胸肉丝翻炒至肉色变白，加入调料拌匀，再放入红辣椒丝与意大利面拌匀，装盘后撒上炸腰果和香菜即可。

蛤蜊墨鱼面

材料
墨鱼面100克，蛤蜊12~15颗，洋葱30克，蒜15克，红辣椒片少许，芹菜叶少许，橄榄油50毫升

调料
盐少许，白酒少许

做法
1. 蛤蜊以冷水加盐浸泡2~3个小时，使其吐沙后倒掉，重复第2次吐沙后取出备用。
2. 洋葱、蒜洗净切碎；芹菜叶洗净，备用。
3. 取一深锅，入水煮开后放入墨鱼面，煮开后续煮6分钟即可捞出备用。
4. 起油锅，爆香洋葱末，加入蒜末、蛤蜊一起炒1分钟后，加入白酒，盖上锅盖，焖40秒后打开锅盖，放入墨鱼面拌匀，盛盘放入芹菜叶装饰即可。

鸡肉炒乌冬面

材料
乌冬面200克，香柚叶10克，鸡腿1个，洋葱丝50克，香菇丝、胡萝卜丝各20克，姜丝5克，高汤500毫升，食用油适量

调料
鲣鱼酱油2大匙，味醂2小匙，鸡精1小匙，盐1/3小匙，七味粉适量

做法
1 鸡腿洗净去骨后，切成条状备用。
2 取一锅，放入高汤煮沸，加入香柚叶以小火煮至高汤剩一碗，滤取其汤汁备用。
3 另热一油锅，小火爆香洋葱丝、姜丝，放入鸡肉条略炒，加入鲣鱼酱油、味醂、鸡精、盐及汤汁煮沸；放入乌冬面、香菇丝、胡萝卜丝以中火炒至汤汁收干即起锅盛盘，食用前撒上七味粉即可。

培根蛋奶面

材料
宽扁面80克，培根30克，洋葱丝10克，动物性鲜奶油30克，蛋黄1个，香芹碎1/4小匙，橄榄油适量

调料
白酒20毫升，奶酪粉1大匙

做法
1 将宽扁面放入沸水中煮8~10分钟至熟后，捞起泡冷水至凉，再以少许橄榄油拌匀；培根切成条状备用。
2 热油锅，放入洋葱丝、培根炒香，加入动物性鲜奶油及宽扁面以小火拌炒约1分钟至面入味。
3 起锅前加入调料拌匀，最后撒上香芹碎，放上蛋黄即可。

什锦菇蔬菜面

📷 材料
圆直面80克，蘑菇片5克，香菇片3克，鲍鱼菇片5克，洋葱丝5克，红甜椒丝10克，黄甜椒丝10克，青椒丝10克，蒜片10克，高汤200毫升，橄榄油适量

🧂 调料
白酒10毫升，盐1/4小匙，黑胡椒粉1/4小匙，奶酪粉1/2小匙

🍳 做法
❶ 将圆直面放入沸水中煮熟后，捞起泡冷水至凉，再以少许橄榄油拌匀备用。
❷ 热油锅，大火炒香所有菇片后，加入蒜片、洋葱丝、圆直面、青椒丝、红甜椒丝、黄甜椒丝、高汤及所有调料一起拌炒入味即可。

松子青酱面

📷 材料
意大利面100克，蒜末10克，松子5克，食用油适量

🧂 调料
青酱2大匙，盐1/4小匙

🍳 做法
❶ 意大利面放入沸水中煮熟后，捞起泡冷水至凉，再以少许食用油拌匀，备用。
❷ 热油锅，以小火炒香蒜末，加入松子、青酱、盐及拌好的意大利面拌炒均匀即可。

茄汁海鲜面

材料

墨鱼面80克，虾仁30克，鱿鱼中卷10克，蛤蜊5克，蟹肉10克，罗勒叶适量，蒜末15克，洋葱末10克，番茄酱2大匙，西红柿汁30毫升

调料

盐1/4小匙，橄榄油适量，白酒30毫升

做法

1. 将墨鱼面放入沸水中煮8~10分钟，捞起泡冷水，加少许橄榄油拌匀。
2. 鱿鱼中卷洗净切圈；蛤蜊放入盐水中吐沙。
3. 将虾仁、蟹肉及鱿鱼中卷放入沸水中汆熟；蛤蜊入沸水汆烫至微开口捞出。
4. 热油锅，以小火炒香蒜末、洋葱末，加入番茄酱、西红柿汁、墨鱼面以及做法3中的海鲜拌炒均匀，最后加入剩余调料、洗净的罗勒叶即可。

西红柿面

材料

圆直面100克，胡萝卜丁50克，百里香少许，食用油1小匙

调料

红酱5大匙，盐1小匙

做法

1. 将圆直面放入滚水中，加入1大匙橄榄油（材料外）和1小匙盐，煮约8分钟至面软化且熟后，捞起泡入冷水中，再加入1小匙食用油，搅拌均匀放凉备用。
2. 取一平底锅倒入红酱加热拌匀，再放入胡萝卜丁煮至软。
3. 放入圆直面混合拌炒均匀，略煮一下即可盛盘，并以百里香装饰即可。

培根意大利面

材料
螺旋面100克，培根3片，蒜25克，洋葱1/2个，四季豆5根，橄榄油适量，鸡高汤350毫升

调料
盐、黑胡椒粉各少许，意大利综合香料1小匙，奶油1大匙，鲜奶50毫升

做法
1. 培根切小片；蒜洗净切小片；洋葱洗净切丁；四季豆洗净后切斜片，备用。
2. 锅里倒入橄榄油烧热，将培根炒香后，加入洋葱丁、蒜片炒至洋葱丁变软，再加入鸡高汤煮至滚，放入煮熟的螺旋面拌匀。
3. 最后再依序加入调料和四季豆片，拌炒至均匀入味即可。

蛤蜊意大利面

材料
圆直面80克，蛤蜊8颗，蒜片10克，红辣椒片少许，罗勒叶、橄榄油各适量

调料
白酒20毫升，盐1/4小匙，香芹碎1/4小匙，黑胡椒粒1/4小匙

做法
1. 将圆直面放入沸水中煮8~10分钟至熟后，捞起泡入冷水至凉，再以少许橄榄油拌匀备用。
2. 热油锅，以小火炒香蒜片、红辣椒片，再加入洗净的蛤蜊及白酒，至蛤蜊略开口后捞起。
3. 放入圆直面煮1分钟，加入蛤蜊、罗勒叶及其余调料拌炒均匀即可。

蒜辣意大利面

材料
圆直面150克，蒜5瓣，红辣椒30克，煮面水60毫升，橄榄油适量

调料
盐适量，黑胡椒粒1小匙，香芹碎适量

做法
1. 煮一锅水，加入少许盐和橄榄油，放入圆直面煮4~5分钟至半熟，捞出沥干，加适量橄榄油拌匀。
2. 蒜、红辣椒洗净切片，备用。
3. 热平底锅，放入少许橄榄油，加入蒜片、红辣椒片以小火爆香至蒜片至金黄。
4. 加入做法1半熟的圆直面拌炒均匀，接着加入煮面水、黑胡椒粒、盐煮至汤汁收干，起锅前撒上香芹碎即可。

蛤蜊山芹菜面

材料
圆直面150克，蛤蜊6颗，山芹菜叶10克，圣女果片15克，蒜片10克，橄榄油2大匙，高汤400毫升

调料
盐1/4小匙

做法
1. 在水滚沸时，放入圆直面煮8~10分钟即捞起备用。
2. 在平底锅中倒入橄榄油，放入蒜片炒香，再放入圣女果片续炒，加入蛤蜊、盐和高汤，煮至蛤蜊打开后捞起，备用。
3. 放入煮熟的圆直面，以小火炒约1分钟后，再放入山芹菜叶和蛤蜊拌匀即可。

香辣牛肉宽面

材料
奶油40克，洋葱丝、胡萝卜丝各40克，牛肉片70克，熟宽扁面180克，青椒丝10克，干辣椒80克，水750毫升，罗勒适量，蒜末15克

调料
盐2小匙，酱油2大匙，小茴香粉1/3小匙，米酒15毫升，水淀粉2大匙，奶酪粉适量

做法

❶ 干辣椒用热开水泡软，与盐、酱油、蒜末、小茴香粉、米酒、水倒入果汁机打碎混合均匀，倒入锅中煮开后加入水淀粉勾芡。

❷ 热锅以奶油炒香洋葱丝、牛肉片与做法1的材料。

❸ 加入熟宽扁面拌炒1分钟，加入青椒丝与胡萝卜丝拌炒，撒上奶酪粉和罗勒叶即可。

南瓜牛肉面

材料
圆直面120克，牛肉片100克，南瓜片50克，青豆20克，橄榄油适量，水100毫升

调料
南瓜泥200克，盐1小匙

做法

❶ 将圆直面放入沸水中煮熟后，捞起泡冷水冷却，沥干后以少许橄榄油拌匀备用。

❷ 取锅，倒入橄榄油加热，放入牛肉片炒香后，加入南瓜片和全部调料和100毫升开水以小火炒熟，最后放入圆直面和青豆，最后以大火炒匀即可。

海鲜清酱意大利面

材料

意大利面	200 克
墨鱼	50 克
蟹腿肉	80 克
蛤蜊	100 克
虾仁	100 克
蒜	15 克
洋葱	1/4 个
白酒	150 毫升
鲜奶油	50 克
罗勒叶	少许
食用油	适量

调料

盐	适量
胡椒粉	少许

做法

1. 蒜洗净切末；洋葱洗净切丁；虾仁去虾线洗净；墨鱼洗净切宽环状，与蟹腿肉一起用沸水汆烫备用。

2. 热锅，放入洗净的蛤蜊并加入50毫升白酒，盖上锅盖，焖煮至壳开，用滤网过滤，将蛤蜊与汤汁分开。

3. 另煮沸水加入少许盐，再加入意大利面煮8~10分钟，其间不断地搅动以避免粘锅，至熟后捞出。

4. 锅中倒入食用油加热后，放入蒜末及洋葱丁炒至洋葱变软，再放入虾仁、墨鱼、蟹腿肉、蛤蜊与蛤蜊汤汁一起翻炒后，加入100毫升白酒煮到酒精挥发，再加入盐及胡椒粉并稍微搅拌。

5. 取适量煮熟的意大利面加入酱汁，再倒入鲜奶油拌炒约2分钟后装盘，放上罗勒即可。

笋鸡天使面

材料
细面150克，芦笋4根，鸡胸肉150克，蒜末3克，西红柿1/4个，煮面水50毫升，动物性鲜奶油15克，橄榄油适量

调料
盐适量

做法
1. 开水中加入少许盐和橄榄油，放入细面煮约2分钟至半熟状，即可捞出沥干水分，放入大盘中以适量橄榄油拌匀。
2. 芦笋洗净切段；鸡胸肉洗净切块；西红柿洗净切丁。
3. 热锅加油，加入蒜末、鸡胸肉块炒香，再加入芦笋段、西红柿丁拌炒均匀。
4. 加入煮面水、盐与半熟的细面，煮至汤汁收干后，加入动物性鲜奶油拌匀即可。

什锦菇肉面

材料
圆直面120克，蘑菇片10克，香菇片、洋葱丝、杏鲍菇片各20克，梅花肉片80克，蒜片5克，黄甜椒丁10克，罗勒叶少许，高汤2大匙，橄榄油适量

调料
盐1/4小匙，奶酪粉1大匙

做法
1. 将圆直面入沸水中煮熟后，泡冷水冷却，沥干再以少许橄榄油拌匀备用。
2. 取锅，倒入橄榄油加热，放入蒜片、洋葱丝、蘑菇片、香菇片、杏鲍菇片炒香后，加入梅花肉片拌炒至熟，接着放入圆直面、高汤和全部调料以小火炒匀。
3. 将罗勒叶、黄甜椒丁加入，最后以大火炒匀即可。

奶油菇宽面

📋 材料

宽扁面150克，鲜香菇片50克，秀珍菇20克，蘑菇片50克，橄榄油2大匙，蒜片10克，高汤200毫升，香芹碎适量

🧂 调料

白酱150克，白酒10毫升，盐1/4小匙

📖 做法

❶ 宽扁面在水滚沸时放入，煮10~12分钟即可捞起备用。

❷ 在平底锅中倒入橄榄油，放入蒜片炒香，加入鲜香菇片、秀珍菇、蘑菇片拌炒，再淋上白酒。

❸ 加入白酱和高汤拌匀，再加入盐调味，以小火煮约2分钟，最后放入煮熟的宽扁面拌匀，再撒上香芹碎即可。

蔬菜意大利面

📋 材料

螺旋面100克，玉米笋7根，芦笋100克，红甜椒1/2个，橄榄油适量

🧂 调料

黑橄榄1大匙，月桂叶1片，盐少许，黑胡椒粒少许，普罗旺斯香草粉少许

📖 做法

❶ 将螺旋面放入加有橄榄油和少许盐的沸水中，煮8分钟后泡入冷水中，再加入少许橄榄油，搅拌均匀后放凉备用。

❷ 将玉米笋、红甜椒洗净切小片；芦笋去除尾巴老梗再洗净切小段，备用。

❸ 炒锅倒入橄榄油，加入做法2的材料以中火先爆香，接着加入螺旋面和其余的调料，中火翻炒均匀即可。

奶油双菇面

📋 **材料**
贝壳面100克，杏鲍菇3朵，鲜香菇3朵，黄甜椒1/2个，橄榄油适量，胡萝卜少许，水适量

🍶 **调料**
意大利香料1小匙，盐适量，黑胡椒粒少许，月桂叶1片，奶油1大匙，鲜奶油1大匙

🍳 **做法**
❶ 将杏鲍菇与鲜香菇洗净，切片；胡萝卜洗净切片；黄甜椒洗净去籽切片，备用。

❷ 将贝壳面放入加有1大匙橄榄油和少许盐的沸水中，煮8分钟后泡冷水，再加入1小匙橄榄油，搅拌均匀放凉备用。

❸ 取一炒锅，加入1大匙橄榄油，再加入做法1的所有材料，以中火先爆香，再依序加入其余的调料和适量水翻炒均匀，最后放入贝壳面略煮即可。

豌豆苗香梨面

📋 **材料**
螺旋面100克，豌豆苗100克，红甜椒1/3个，梨1/2个，百里香1根，橄榄油1大匙

🍶 **调料**
盐少许，黑胡椒粒少许

🍳 **做法**
❶ 将螺旋面煮熟；豌豆苗择嫩叶洗净；红甜椒切条状；梨去皮切条状；百里香切碎，备用。

❷ 炒锅加入橄榄油，再加入红甜椒条和梨条，以中火爆香。

❸ 加入螺旋面与所有调料，再快速翻炒至均匀，让汤汁略煮收干，用百里香（分量外）装饰即可。

豆浆意大利面

材料
圆直面200克，原味豆浆200毫升，培根片80克，青豆20克，蒜末10克，洋葱末50克，蛋黄1个，奶油20克，橄榄油适量，香芹末少许

调料
盐1/2小匙，黑胡椒粒少许

做法
1. 煮一锅沸水，放入圆直面，加入少许盐（分量外）与橄榄油，煮约12分钟至软后捞出备用。
2. 热锅，加入奶油至融化后，爆香蒜末与洋葱末，再放入培根片、青豆炒香。
3. 原味豆浆加热与蛋黄拌匀，倒入做法2的锅中续煮，再加入圆直面与盐、黑胡椒粒，一起混合拌炒均匀至入味，盛盘后撒上香芹末即可。

意大利肉酱面

材料
猪绞肉80克，蒜末、洋葱末各1大匙，西芹末、胡萝卜末、西红柿糊各1/2大匙，月桂叶1片，西红柿粒2大匙，圆直面150克，橄榄油、香芹末、鸡高汤各适量

调料
鸡精1/2大匙，面粉1大匙，意大利综合香料1小匙

做法
1. 起一油锅，放入猪绞肉以中火炒至金黄。
2. 另起油锅，炒香蒜末、洋葱末、西芹末和胡萝卜末，再加入意大利综合香料、西红柿糊、西红柿粒、月桂叶和面粉炒香。
3. 加入猪绞肉，倒入鸡高汤，以小火熬煮20分钟至浓稠，加入鸡精调味，即成肉酱。
4. 将煮熟的圆直面中加入肉酱，并撒上少许香芹末即可。

杏鲍菇红酱面

材料
贝壳面100克，杏鲍菇2朵，上海青2棵，奶酪丝50克，橄榄油1大匙，香芹叶少许

调料
素食红酱2大匙，盐少许，黑胡椒粒少许

做法
1 将贝壳面煮熟备用。
2 将杏鲍菇洗净切成块；上海青洗净切成段备用。
3 炒锅加入橄榄油，再加入做法2的材料，以中火爆香。
4 最后加入贝壳面和奶酪丝翻炒均匀，续加入所有调料一起搅拌，将汤汁略煮至稠状，以香芹叶装饰即可。

橄榄红酱面

材料
贝壳面100克，红心橄榄（罐头）1大匙，小黄瓜1根，蟹味菇1/2包，橄榄油1大匙

调料
素食红酱2大匙，盐少许，黑胡椒粒少许

做法
1 将贝壳面煮熟备用。
2 将小黄瓜洗净切块；蟹味菇洗净；红心橄榄沥水，备用。
3 炒锅加入橄榄油，再加入做法2的材料，以中火爆香。
4 最后加入贝壳面与所有调料，煮至汤汁略收至稠状即可。

三菇意大利面

材料
圆直面150克,西红柿块40克,蘑菇20克,鲜香菇20克,秀珍菇10克,蒜10克,橄榄油2大匙,高汤200毫升,罗勒叶少许

调料
盐1/4小匙,红酱150克

做法
1. 将圆直面入沸水煮约9分钟捞起。
2. 将菇类材料洗净沥干;蒜洗净切片。
3. 在平底锅中倒入橄榄油,热锅后放入蒜片,炒至金黄色后,放入所有菇类材料和西红柿块以小火拌炒1分钟。
4. 续加入红酱和高汤略煮拌炒匀,再放入煮熟的圆直面,加盐调味,放入罗勒叶装饰即可。

鲜虾干贝面

材料
圆直面150克,鲜虾2只,干贝2粒,芦笋(斜切)1根,罗勒叶碎10克,橄榄油2大匙,高汤200毫升,蒜末10克,洋葱末20克

调料
盐1/4小匙,红酱150克

做法
1. 将圆直面放入沸水中,煮8~10分钟捞起;鲜虾洗净去壳,备用。
2. 在平底锅中倒入橄榄油,放入蒜末炒至金黄色后,放入洋葱末,炒软后加入鲜虾、干贝、芦笋及高汤,再放入调料以小火炒2分钟。
3. 将煮熟的圆直面加入拌匀,最后再放入罗勒叶碎拌匀即可。

海鲜意大利面

材料
意大利面180克，橄榄油1大匙，墨鱼、蛤蜊、虾仁各适量，罗勒叶少许

调料
红酱适量，奶酪粉少许，盐适量

做法
1. 将意大利面煮熟备用。
2. 在平底锅中倒入橄榄油热锅，将处理干净的墨鱼、蛤蜊、虾仁放入锅中以中火炒熟，加入适量盐调味。
3. 将红酱加入锅中以小火煮1分钟，再倒入煮熟的意大利面拌炒均匀即可起锅装盘。
4. 撒上适量奶酪粉并以罗勒叶装饰即可。

竹笋红酱面

材料
意大利圆直面100克，竹笋100克，胡萝卜50克，香芹1根，橄榄油1大匙

调料
素食红酱2大匙，盐少许，黑胡椒粒少许

做法
1. 将意大利圆直面煮熟备用。
2. 将竹笋去壳，切成丝；胡萝卜洗净切丝；香芹洗净切碎。
3. 炒锅加入橄榄油，再加入竹笋丝、胡萝卜丝，以中火爆香。
4. 最后加入所有调料与圆直面，翻炒均匀至汤汁呈稠状，撒上香芹末即可。

朝鲜蓟红酱面

材料
螺旋面100克，美白菇60克，毛豆15克，百里香1根，油渍朝鲜蓟（罐头）30克，橄榄油1大匙

调料
素食红酱2大匙，盐少许，黑胡椒粒少许

做法
1. 将螺旋面煮熟备用。
2. 将油渍朝鲜蓟取出，滤油后切块；美白菇洗净切小段；毛豆洗净汆烫去壳，备用。
3. 炒锅加入橄榄油，再加入做法2的材料（油渍朝鲜蓟除外）和百里香，以中火爆香。
4. 最后加入所有调料与螺旋面和油渍朝鲜蓟，拌炒至稠状即可。

奶酪红酱面

材料
螺旋面100克，奶酪100克，青椒1个，黄甜椒1/3个，橄榄油1大匙

调料
素食红酱2大匙，盐少许，黑胡椒粒少许

做法
1. 将螺旋面煮熟备用。
2. 将奶酪切成块；青椒、黄甜椒洗净切条，备用。
3. 炒锅先加入橄榄油，再加入青椒条、黄甜椒条，以中火爆香。
4. 最后再加入螺旋面与所有调料翻炒均匀，再放上奶酪装饰即可。

毛豆红酱面

材料
水管面100克，毛豆100克，罗勒2根，红辣椒1个，橄榄油1大匙

调料
素食红酱2大匙，盐少许，黑胡椒粒少许

做法
1 将水管面煮熟备用。
2 将毛豆汆烫去壳；罗勒洗净取叶；红辣椒洗净切片，备用。
3 炒锅加入橄榄油，再加入做法2的材料（罗勒除外），以中火一起爆香。
4 最后加入水管面、罗勒与所有调料一起拌炒均匀，至汤汁收至稠状即可。

虾味芦笋面

材料
蝴蝶面100克，芦笋200克，虾仁5只，洋葱1/3个，橄榄油1大匙

调料
素食红酱2大匙，盐少许，黑胡椒粒少许

做法
1 将蝴蝶面煮熟备用。
2 将芦笋洗净去皮，切成段状；虾仁洗净去虾线切成小丁；洋葱洗净切片备用。
3 炒锅加入橄榄油，再加入做法2的材料，以中火爆香。
4 最后加入蝴蝶面与所有调料一起翻炒均匀，煮至酱汁呈稠状即可。

鸡肉笔管面

材料
笔管面100克，鸡胸肉丝40克，洋葱丝10克，蒜片10克，香芹末、食用油各适量

调料
红酱150克，白酒1大匙，盐1/4小匙，黑胡椒粉1/4小匙

做法
1. 笔管面放入沸水中煮8~10分钟至熟后，捞起泡入冷水至凉，再以少许食用油拌匀，备用。
2. 热油锅，放入蒜片炒至金黄色时，加入洋葱丝、鸡胸肉丝、红酱及拌好的笔管面炒匀入味。
3. 再加入剩余调料拌匀，撒上香芹末即可。

炸土豆笔管面

材料
笔管面100克，土豆1个，西芹2根，红辣椒1个，橄榄油1大匙，百里香少许，食用油适量

调料
素食红酱2大匙，盐少许，黑胡椒粒少许

做法
1. 将笔管面煮熟备用。
2. 将土豆去皮切块，放入油温为190℃的油锅中炸成金黄色，捞起备用；西芹洗净切成条状；红辣椒洗净切片备用。
3. 炒锅加入橄榄油，再加入做法2的材料，以中火爆香。
4. 最后加入笔管面与所有调料一起炒香，翻炒均匀后，煮至略收汤汁，盛盘，放上百里香装饰即可。

迷迭香红酱面

材料
锯齿面100克，迷迭香1根，豌豆荚30克，洋葱1个，红辣椒1个，橄榄油1大匙

调料
盐少许，黑胡椒粒少许，橄榄油1大匙

腌料
素食红酱2大匙，盐少许，黑胡椒粒少许

做法
1. 将锯齿面煮熟备用。
2. 将洋葱洗净切成小片，放入腌料中腌制10分钟，再放入200℃烤箱中烤上色备用；豌豆荚洗净切斜片；红辣椒洗净切片备用。
3. 炒锅加入橄榄油，加入做法2的材料炒匀。
4. 最后再加入锯齿面与所有调料一起炒香，略煮汤汁收至稠状，装盘，放上迷迭香装饰即可。

南瓜白酱面

材料
意大利面100克，南瓜20克，洋葱1/3个，蒜2瓣，红辣椒1个，葱1根，蟹腿肉1大匙，橄榄油1大匙，香芹叶少许

调料
素食白酱2大匙，盐少许，黑胡椒粒少许

做法
1. 将意大利面煮熟备用。
2. 将南瓜、洋葱洗净切丝；蒜、红辣椒、葱洗净切片，备用。
3. 炒锅加入橄榄油，再加入做法2的材料与蟹腿肉，以中火爆香。
4. 最后加入所有调料与意大利面，再以中火拌炒均匀，让酱汁略收至稠状，放上香芹叶装饰即可。

培根蛋奶面

材料

圆直面 150 克，培根 2 片，煮面水 75 毫升，熟蛋黄 2 个，鲜奶油、蒜、橄榄油、香芹末各适量

调料

盐、黑胡椒粒各适量

做法

① 锅入沸水，加入少许盐和橄榄油，放入圆直面煮至半熟，捞出沥干水分，放入大盘中以适量橄榄油拌匀；将熟蛋黄压碎与鲜奶油拌匀；蒜切碎；培根放入沸水中汆烫，捞出沥干水分，切成小片状，备用。

② 平底锅入油烧热，放入蒜末爆香，加入培根炒香、圆直面拌炒均匀，放入煮面水、盐，炒至汤汁收干，撒上香芹末，关火。

③ 利用余温加入做法2的蛋黄奶油拌匀，最后撒上黑胡椒粒即可。

肉丝炒面

材料

宽面200克，猪肉丝100克，胡萝卜丝15克，黑木耳丝40克，姜丝5克，葱末10克，高汤60毫升，食用油2大匙

调料

酱油1大匙，白糖1/4小匙，乌醋1/2大匙，米酒1小匙，盐、香油各少许

做法

① 煮一锅沸水，将宽面放入滚水中煮4分钟后捞起，冲冷水至凉后，捞起沥干。

② 热锅，倒入食用油烧热，放入葱末、姜丝爆香，再加入猪肉丝炒至变色。

③ 续放入黑木耳丝和胡萝卜丝炒匀，再加入酱油、白糖、盐、乌醋、米酒、高汤和宽面一起快炒至入味，起锅前淋入香油拌匀即可。

123

奶油鲑鱼面

材料
圆直面120克，鲑鱼丁100克，黑橄榄10克，豌豆荚10克，洋葱丁5克，蒜片2克，西红柿丁20克，橄榄油适量，莳萝叶少许

调料
白酱2大匙

做法
1. 将圆直面放入沸水中煮熟后，捞起泡冷水冷却，沥干再以少许橄榄油拌匀，备用。
2. 取锅，倒入橄榄油加热，放入蒜片和洋葱丁炒香后，加入鲑鱼丁、西红柿丁和黑橄榄拌炒；最后放入圆直面、豌豆荚和白酱，以大火炒匀，盛盘，饰以莳萝叶即可。

洋葱鲑鱼卵面

材料
锯齿面100克，洋葱1/2个，圣女果5颗，蒜3瓣，鲑鱼卵1大匙，四季豆5条，奶酪丝30克，橄榄油1大匙

调料
素食白酱2大匙，盐少许，黑胡椒粒少许

做法
1. 将锯齿面煮熟备用。
2. 将圣女果、洋葱、四季豆洗净切小片；蒜洗净切末，备用。
3. 炒锅先加入橄榄油，再加入做法2的材料，以中火爆香。
4. 再加入锯齿面与所有调料翻炒均匀，略煮至收汤汁。
5. 最后再加入奶酪丝拌炒均匀，盛盘后放上鲑鱼卵装饰即可。

白酱鳀鱼面

材料
圆直面100克，西红柿1个，洋葱1/3个，小芦笋10支，鳀鱼（罐头）1小匙，橄榄油1大匙，香芹末适量

调料
素食白酱2大匙，盐少许，黑胡椒粒少许

做法
1. 将圆直面煮熟备用。
2. 将西红柿洗净切成小丁；洋葱洗净切丝；小芦笋洗净切段，备用。
3. 炒锅先加入橄榄油，再加入做法2的材料，以中火爆香。
4. 最后加入圆直面、鳀鱼与所有调料，煮至汤汁略收至稠状，盛出撒上香芹末即可。

蟹肉墨鱼面

材料
墨鱼面80克，蟹肉40克，芦笋4根，蒜末10克，洋葱末20克，香芹碎1/4小匙，橄榄油适量

调料
白酱1大匙，白糖1/2小匙，盐1/4小匙，黑胡椒粒1/4小匙，白酒2大匙

做法
1. 将墨鱼面放入沸水中煮8~10分钟至熟后，捞起泡入冷水至凉，再以少许橄榄油拌匀备用。
2. 将芦笋洗净斜切成约4段，入沸水氽烫后，冲凉沥干。
3. 热油锅，小火炒香蒜末、洋葱末，加入蟹肉、白酱、墨鱼面、芦笋及所有调料拌炒均匀，撒上香芹碎即可。

白酱三色面

材料
蝴蝶面100克，豌豆荚50克，胡萝卜50克，红辣椒1个，西红柿1个，食用油1大匙，罗勒少许

调料
素食白酱2大匙，盐少许，黑胡椒粒少许

做法
1. 将蝴蝶面煮熟备用。
2. 将豌豆荚、红辣椒、胡萝卜洗净切片；西红柿洗净切小块备用。
3. 炒锅先加入食用油，再加入豌豆荚片、红辣椒片、胡萝卜片、西红柿块，以中火翻炒均匀。
4. 最后加入煮熟的蝴蝶面与所有调料一起翻炒均匀，让汤汁略收至稠状，放上罗勒装饰即可。

萝卜白酱面

材料
螺旋面100克，胡萝卜2/3根，土豆1/2个，小黄瓜1/2根，奶油1大匙，橄榄油1大匙，百里香少许

调料
素食白酱2大匙，盐少许，黑胡椒粒少许

做法
1. 将螺旋面煮熟备用。
2. 将胡萝卜与土豆去皮，再切成粗块状，并用奶油煮软；小黄瓜洗净切滚刀块备用。
3. 炒锅加入橄榄油，再加入做法2的材料，以中火爆香。
4. 最后加入螺旋面和所有调料，以中火翻炒均匀，将酱汁略煮至收干，盛盘放入百里香装饰即可。

奶油栗子面

材料
圆直面120克，水煮熟栗子5颗，茄子片20克，红甜椒丝20克，黄甜椒丝20克，洋葱丝5克，蒜末2克，橄榄油、莳萝叶各适量

调料
白酱2大匙

做法
❶ 将圆直面放入沸水中煮熟后，捞起泡冷水，再以少许橄榄油拌匀备用。

❷ 取锅，倒入橄榄油加热，放入蒜末和洋葱丝炒香后，加入茄子片、栗子和甜椒丝拌炒，放入圆直面和白酱，以大火炒匀，盛盘放入莳萝叶装饰即可。

芹菜土豆面

材料
笔管面100克，土豆1个，芹菜2根，圣女果5颗，红辣椒1个，香芹1根，洋葱1/3个，橄榄油1大匙，百里香少许

调料
素食白酱2大匙，盐少许，黑胡椒粒少许

做法
❶ 将笔管面煮熟备用。

❷ 将土豆去皮切块；芹菜洗净切条；圣女果洗净对切；红辣椒洗净切片；洋葱洗净切丝；香芹洗净切碎，备用。

❸ 炒锅加入橄榄油，再加入做法2的材料翻炒均匀。

❹ 最后加入笔管面和所有调料，略煮至收干汤汁，盛盘放入百里香装饰即可。

青酱豆芽面

材料
圆直面100克，墨鱼丸3颗，洋葱1/3个，黄豆芽30克，蒜3瓣，红辣椒1个，上海青1棵，橄榄油1大匙

调料
素食青酱2大匙，盐少许，黑胡椒粒少许

做法
1. 将圆直面煮熟备用。
2. 蒜、墨鱼丸洗净切成片；洋葱、上海青洗净切成段；红辣椒洗净切成丝；黄豆芽洗净，备用。
3. 炒锅先加入橄榄油，再将做法2的材料依序加入，以中火爆香，续加入煮熟的圆直面翻炒均匀。
4. 最后加入所有调料，再翻炒均匀即可。

松子鲜虾面

材料
圆直面180克，鲜虾4只，橄榄油1大匙，洋葱丝50克，高汤300毫升，红辣椒丝20克，熟松子10克，罗勒叶少许

调料
青酱5大匙

做法
1. 将圆直面煮熟备用。
2. 将鲜虾去虾线洗净备用。
3. 平底锅中放入橄榄油烧热，再加入洋葱丝爆香。
4. 鲜虾放入锅中以中火炒至变红。
5. 再加入圆直面与高汤、红辣椒丝一起大火拌炒1分钟。
6. 关火后加入青酱拌匀，装盘后撒上熟松子和罗勒叶即可。

鲜虾青酱面

材料

圆直面100克，培根2片，鲜虾10只，洋葱1/2个，蒜2瓣，罗勒叶少许，橄榄油适量

调料

盐1小匙，青酱5大匙

做法

1. 煮一锅水至滚，于水中加入1大匙橄榄油和1小匙盐，将圆直面放入沸水中，煮约8分钟至面熟后捞起泡入冷水中，再加入1小匙橄榄油，搅拌均匀后放凉备用。
2. 将培根和洋葱皆洗净切丁；蒜洗净切片；鲜虾挑除虾线后烫熟、剥去虾壳，备用。
3. 热锅，先加入1大匙橄榄油，放入培根丁炒至变色，再放入洋葱丁、蒜片拌炒均匀。
4. 再加入青酱、罗勒叶拌匀，最后加入鲜虾和圆直面稍微拌炒均匀即可。

蟹味菇青酱面

材料

圆直面100克，蟹味菇1包，洋葱1/2个，樱花虾1大匙，葱1根，红辣椒1/2个，橄榄油1大匙

调料

素食青酱2大匙，盐少许，黑胡椒粒少许

做法

1. 将圆直面煮熟备用。
2. 将蟹味菇去蒂洗净切小段；洋葱洗净切丝；葱与红辣椒洗净切片，备用。
3. 炒锅先加入橄榄油，再加入做法2的材料，以中火爆香。
4. 最后加入圆直面和所有调料翻炒均匀，再加入樱花虾炒均匀即可。

杏鲍菇青酱面

📋 材料

圆直面100克，杏鲍菇2朵，蒜5瓣，洋葱1/3个，罗勒2根，红辣椒1个，橄榄油1大匙

🍶 调料

素食青酱2大匙，盐少许，黑胡椒粒少许

🍳 做法

1. 将圆直面煮熟备用。
2. 将杏鲍菇、洋葱洗净切块；蒜、红辣椒洗净切片；罗勒洗净，择叶备用。
3. 炒锅先加入橄榄油，再加入做法2的材料（罗勒除外），以中火爆香。
4. 最后加入圆直面与所有调料翻炒均匀，再加入罗勒拌炒一下即可。

牛肉宽扁面

📋 材料

宽扁面80克，牛肉80克，洋葱末10克，青酱1大匙，蒜片10克，橄榄油适量

🍶 调料

红酒10毫升，盐1/4小匙，黑胡椒粒1/4小匙

🍳 做法

1. 将宽扁面放入沸水中煮熟后，捞起至凉，再以少许橄榄油拌匀。
2. 将牛肉撒上盐、黑胡椒粒略腌。
3. 热锅，以小火炒香蒜片，再放入牛肉与橄榄油，以中火煎至需要的熟度，加入红酒略煮后，起锅切片。
4. 起一锅，将洋葱末炒香，加入青酱及宽扁面拌炒均匀，再把做法3的切片牛肉放置盘中即可。

玉米笋青酱面

材料
螺旋面100克，玉米笋100克，蒜3瓣，红辣椒1个，圣女果5颗，洋葱1/3个，橄榄油1大匙，香芹叶少许

调料
素食青酱2大匙，帕玛森奶酪粉1大匙，盐少许，黑胡椒粒少许

做法
1. 将螺旋面煮熟备用。
2. 将玉米笋、洋葱洗净切丝；蒜、红辣椒、圣女果洗净切片，备用。
3. 炒锅先加入橄榄油，再加入做法2的材料，以中火爆香。
4. 最后加入螺旋面、素食青酱、盐和黑胡椒粒一起翻炒均匀，起锅前再加入帕玛森奶酪粉和香芹叶装饰即可。

罗勒青酱面

材料
贝壳面100克，罗勒3根，红甜椒1/2个，青椒1/4个，橄榄油1大匙

调料
素食青酱2大匙，盐少许，黑胡椒粒少许，奶油1小匙

做法
1. 将贝壳面煮熟备用。
2. 将红甜椒、青椒洗净切成小菱形片；罗勒洗净择嫩叶，备用。
3. 炒锅先加入橄榄油，再加入做法2的材料（罗勒除外），以中火爆香。
4. 最后加入贝壳面，再加入所有调料与罗勒翻炒均匀即可。

蛤蜊青酱宽面

材料

宽扁面150克，蛤蜊6颗，橄榄油2大匙，香芹叶少许，高汤400毫升

调料

青酱100克，盐1/4小匙，白酒30毫升

做法

① 将宽扁面在水滚沸时放入，煮10~12分钟即可捞起备用。

② 在平底锅中倒入橄榄油，放入蛤蜊，加入盐和高汤，淋上白酒，煮至蛤蜊打开后，捞起备用。

③ 放入煮熟的宽扁面，倒入青酱，以小火炒约1分钟后，加入蛤蜊拌匀，盛出装饰香芹叶即可。

蔬菜青酱面

材料

螺旋面100克，红甜椒、黄甜椒各1/3个，洋葱1/2个，蒜2瓣，鲜香菇2朵，百里香1根，橄榄油1大匙

调料

素食青酱2大匙，盐少许，黑胡椒粒少许

腌料

辣椒粉1小匙，橄榄油1大匙，盐少许，黑胡椒粒少许

做法

① 将红甜椒、黄甜椒、洋葱、鲜香菇、蒜洗净切片，放入腌料腌10分钟后，放入200℃的烤箱烤10分钟后取出。

② 炒锅加油，加入做法1的材料，以中火爆香，再加入煮熟的螺旋面与所有调料一起拌炒均匀，盛盘放入百里香装饰即可。

香菇青酱面

材料
贝壳面100克，鲜香菇30克，胡萝卜30克，罗勒叶适量，红辣椒1个，橄榄油1大匙

调料
素食青酱2大匙，盐少许，黑胡椒粒少许

做法
1. 将贝壳面煮熟备用。
2. 鲜香菇去蒂洗净切片；胡萝卜与红辣椒洗净切片，备用。
3. 炒锅先加入橄榄油，再加入做法2的材料，以中火爆香。
4. 最后再加入贝壳面与所有调料，翻炒均匀后，加入罗勒叶翻炒一下即可。

黄栉瓜罗勒面

材料
螺旋面100克，黄栉瓜1条，红甜椒1/2个，四季豆5条，罗勒2根，橄榄油1大匙，香芹叶少许

调料
素食青酱2大匙，盐少许，黑胡椒粒少许

做法
1. 将螺旋面煮熟备用。
2. 将黄栉瓜、红甜椒、四季豆洗净切小条；罗勒洗净择嫩叶备用。
3. 炒锅先加入橄榄油，再依序加入做法2的材料（罗勒除外），以中火翻炒均匀。
4. 最后加入螺旋面、所有调料与罗勒一起翻炒均匀，盛出装饰香芹叶即可。

拿坡里青酱面

材料
笔管面100克，生干贝3颗，绿栉瓜1/2条，黄栉瓜1/2条，红甜椒1/3个，蒜3瓣，香芹1根，橄榄油1大匙

调料
素食青酱2大匙，盐少许，黑胡椒粒少许

做法
1 将笔管面煮熟备用。
2 将生干贝对切；黄栉瓜、绿栉瓜洗净切成片；红甜椒、蒜洗净切成片；香芹茎洗净切碎，香芹叶洗净备用。
3 炒锅先加入橄榄油，再加入做法2的材料（香芹叶除外），以中火爆香。
4 最后再加入笔管面与所有调料一起翻炒均匀，盛出装饰香芹叶即可。

三丝青酱面

材料
圆直面100克，黑木耳2片，胡萝卜30克，小黄瓜1根，鸡蛋1个，橄榄油1大匙，罗勒叶少许

调料
素食青酱2大匙，盐少许，黑胡椒粒少许

做法
1 将圆直面煮熟备用。
2 将黑木耳、胡萝卜、小黄瓜洗净切丝；鸡蛋打散倒入锅中煎熟后切丝，备用。
3 炒锅先加入橄榄油，再加入做法2的材料，以中火炒香。
4 最后再加入圆直面与所有调料翻炒均匀，盛出装饰罗勒叶即可。

玉米青酱面

材料
水管面100克，玉米粒（罐头）、松子各50克，洋葱1/3个，红甜椒1/4个，橄榄油1大匙，罗勒叶少许

调料
素食青酱2大匙，奶油1小匙，盐少许，黑胡椒粒少许

做法
1. 将水管面煮熟备用。
2. 将洋葱、红甜椒洗净切成片状；玉米粒沥水，备用。
3. 炒锅先加入橄榄油，再加入做法2的材料，以中火爆香。
4. 最后依序加入水管面、松子与所有调料，再拌炒均匀，盛出，饰以罗勒叶即可。

鸡肉水管面

材料
水管面（熟）180克，鸡腿肉1块，奶油、洋葱丝各40克，洋菇片30克，紫甘蓝丝、香芹末各少许

调料
菌菇酱6大匙，盐、白糖、黑胡椒粒、奶酪粉各适量

做法
1. 鸡腿肉洗净切块，并用适量盐、白糖、黑胡椒粒腌5分钟备用。
2. 热锅，融化奶油，炒香洋葱丝、洋菇片，加入鸡腿肉块炒约5分钟。
3. 加入熟水管面拌炒1分钟。
4. 倒入菌菇酱拌炒均匀后装盘，撒上适量奶酪粉、香芹末、紫甘蓝丝即可。

温泉蛋天使面

📋 材料

细面	100 克
鲔鱼（罐头）	1/4 罐
洋葱末	15 克
蒜末	5 克
酸豆	20 克
黑橄榄	6 颗
干辣椒	2 个
香芹	10 克
鸡蛋	1 个
百里香	少许
橄榄油	适量

🧂 调料

盐	适量
白胡椒粉	适量
白酒	80 毫升

🍳 做法

1. 将酸豆、黑橄榄、干辣椒分别切碎；香芹洗净切成细末，备用。

2. 取一小锅水，加热至70℃，将鸡蛋连壳放入，煮约15分钟后敲开蛋壳即为温泉蛋。

3. 煮一锅沸水，放入盐，再加入细面煮3分钟后取出，略拌些橄榄油备用。

4. 热锅倒入适量橄榄油加热，放入洋葱末、蒜末、干辣椒碎炒香，放入酸豆与黑橄榄炒匀，再放入鲔鱼、白酒炒匀，加入细面拌匀。

5. 最后以适量的盐、白胡椒粉调味，起锅前撒上香芹末，盛盘后放上温泉蛋和百里香即可。

奶油鸟巢面

📋 **材料**
宽扁面150克,火腿丁30克,青豆20克,洋葱丁20克,奶油20克,香芹末少许,高汤200毫升

🍶 **调料**
白酱150克,盐1/4小匙

🍴 **做法**
❶ 在水煮沸时放入宽扁面,煮10~12分钟即可捞起备用。

❷ 在平底锅中放入奶油,待融化后加入火腿丁和洋葱丁炒香,再加入青豆略炒。

❸ 续加入调料和高汤,再放入煮熟的宽扁面拌匀,盛出撒上香芹末即可。

猪柳菠菜面

📋 **材料**
奶油40克,洋葱丝40克,猪里脊条60克,熟菠菜宽扁面180克,红甜椒丝30克,黄甜椒丝30克,生菜叶2片

🍶 **调料**
茴香酱适量,奶酪粉适量

🍴 **做法**
❶ 奶油以小火融化后炒香洋葱丝,放入猪里脊条煎约3分钟至熟;生菜装盘垫底。

❷ 将菠菜宽扁面、红甜椒丝、黄甜椒丝放入大碗中混合均匀,倒入茴香酱、猪里脊条、洋葱丝拌炒均匀盛盘。

❸ 盛在以生菜叶垫底的盘上,并撒上适量奶酪粉即可。

黑椒茄酱面

材料
笔管面100克，蒜片1/4小匙，猪肉片80克，红甜椒片20克，黄甜椒片20克，皇帝豆10克，食用油少许

调料
黑椒茄酱2大匙，面汤2大匙

做法
1. 在水滚沸时放入意大利笔管面煮约8分钟，即捞起备用。
2. 锅烧热，倒入少许食用油，放入蒜片和猪肉片炒香。
3. 再加入黑椒茄酱、煮熟的笔管面和煮面水，以小火拌炒均匀，最后放入红甜椒片、黄甜椒片和皇帝豆炒匀即可。

芥籽鸡丁面

材料
笔管面80克，鸡丁100克，圣女果（切半）20克，香菇片10克，西蓝花5朵，黑橄榄片少许，橄榄油适量

调料
法式芥籽奶油酱2大匙，煮面水2大匙

做法
1. 在水滚沸时放入笔管面煮约8分钟即捞起，备用。
2. 锅烧热，倒入少许橄榄油，放入鸡丁、圣女果和香菇片炒香。
3. 再放入法式芥籽奶油酱和煮面水，以小火略炒1分钟。
4. 续加入煮熟的笔管面、西蓝花和黑橄榄片，以小火炒匀即可。

香煎猪排宽面

材料
宽扁面（熟）180克，小里脊肉片6片，橄榄油1大匙，奶油40克，洋葱丝40克，黄甜椒丝10克，金针菇10克，莳萝叶适量

调料
莳萝酱6大匙，酱油适量，盐适量，白糖适量，白酒适量，奶酪粉适量

做法
1. 将小里脊肉片用酱油、盐、白糖、白酒适量腌10分钟，并热锅用橄榄油煎熟备用。
2. 热锅后小火融化奶油，加入洋葱丝炒香。
3. 放入熟宽扁面、黄甜椒丝、金针菇，拌炒1分钟。
4. 再放入小里脊肉片略为拌炒，最后加入莳萝酱拌炒均匀，即可装盘。
5. 撒上适量奶酪粉，放上莳萝叶装饰即可。

墨西哥牛肉面

材料
宽扁面100克，牛肉片50克，西芹片10克，蒜片1/4小匙，红辣椒片适量，洋葱片1/2小匙，橄榄油适量

调料
辣椒酱2大匙，煮面水2大匙

做法
1. 在水滚沸时放入宽扁面煮约8分钟即捞起，备用。
2. 锅烧热，倒入少许橄榄油，放入蒜片、辣椒片和洋葱片炒香。
3. 再放入牛肉片、辣椒酱和煮面水、煮熟的宽扁面和西芹片，以小火炒匀即可。

南瓜鲜虾面

材料
绿藻面、南瓜泥各200克，罗勒叶适量，虾仁3只，橄榄油适量，高汤500毫升，白酒30毫升

调料
盐1/4小匙，无盐奶油20克，面粉1大匙

做法
1. 绿藻面入沸水中煮8分钟捞起备用；虾仁去虾线备用。
2. 取锅放入无盐奶油，加入面粉以小火炒香，再加入南瓜泥拌匀，倒入100毫升高汤搅拌至无颗粒，即为南瓜酱。
3. 在平底锅中倒入橄榄油，放入虾仁炒香，再淋上白酒。
4. 加入盐和400毫升高汤略煮，再放入南瓜酱炒约1分钟，放入煮熟的绿藻面拌匀，放上罗勒叶装饰即可。

墨鱼宽扁面

材料
墨鱼宽扁面（熟）180克，墨鱼片适量，蛤蜊适量，虾仁适量，橄榄油50毫升，洋葱末1大匙，蒜末10克，罗勒叶适量，墨鱼酱2大匙

调料
盐适量，黑胡椒粒适量

做法
1. 将蛤蜊放在加有少许盐的水中吐沙；虾仁洗净切丁备用。
2. 用橄榄油将洋葱末与蒜末以小火炒约1分钟后，加入做法1的海鲜材料、墨鱼片及罗勒叶以小火炒2分钟。
3. 炒熟后加入墨鱼酱、煮熟的墨鱼宽扁面拌匀，再撒上盐、黑胡椒粒调味，盛盘放上罗勒叶装饰即可。

桑葚陈醋鸡面

材料
圆直面80克，鸡胸肉丝30克，红甜椒丝5克，黄甜椒丝5克，蒜片3克，芦笋片5克，洋葱丝2克，橄榄油适量

调料
桑葚陈醋酱2大匙，煮面水2大匙

做法
1. 在水滚沸时放入圆直面煮约8分钟即捞起，备用。
2. 锅烧热，倒入少许橄榄油，炒香蒜片、洋葱丝、甜椒丝、芦笋片和鸡胸肉丝。
3. 再加入桑葚陈醋酱、煮面水和煮熟的圆直面，以小火拌炒均匀即可。

鸡肉蔬菜面

材料
贝壳面80克，鸡肉片50克，蒜片3克，西芹片5克，柳松菇10克，甜豆荚段10克，皇帝豆10克，花菜10克，橄榄油适量

调料
泰式红咖喱酱1大匙，煮面水2大匙

做法
1. 在水滚沸时放入贝壳面煮约5分钟即捞起，备用。
2. 将西芹片、柳松菇、甜豆荚段、皇帝豆和花菜放入沸水中，烫熟捞起备用。
3. 锅烧热，倒入少许橄榄油，放入蒜片、鸡肉片炒香。
4. 放入泰式红咖喱酱和煮面水、煮熟的贝壳面和做法2的所有材料，以小火炒匀即可。

海鲜咖喱面

材料

笔管面80克，综合海鲜80克，红椒圈、青椒圈各10克，茴香叶1/4小匙，橄榄油适量

调料

爪哇咖喱酱2大匙，白酒1大匙，煮面水2大匙

做法

1 将综合海鲜放入沸水中烫熟，捞起泡入冰水中备用。

2 在水滚沸时放入笔管面煮约8分钟即捞起放入碗中。

3 锅烧热，倒入少许橄榄油，放入红椒圈、青椒圈和做法1的综合海鲜炒香。

4 放入爪哇咖喱酱、煮面水、白酒和煮熟的笔管面，以小火炒匀，撒上茴香叶即可。

咖喱南瓜面

材料

圆直面（熟）180克，奶油40克，洋葱丝40克，红甜椒丁30克，青椒丁10克，熟南瓜丁70克，香芹叶适量

调料

咖喱酱6大匙，奶酪粉适量

做法

1 热锅后放入奶油用小火炒香洋葱丝，再加入熟圆直面拌炒1分钟。

2 加入青椒丁、红甜椒丁与熟南瓜丁，拌炒约1分钟。

3 最后加入咖喱酱炒煮均匀即可装盘。

4 撒上适量奶酪粉和香芹叶即可。

PART 4

焦香焗面

　　"焗"最早是指将食物包起来，放入炒热的盐中加热至熟，现在我们所说的"焗烤"已经变成泛指将食材先行处理至熟，再添加酱料或奶酪烤至表面焦黄的料理法。只要掌握好基本酱料制作、馅料处理、烘烤这三大程序，美味焦香的焗面就可以轻松学会了。

焗菠菜千层面

材料
意大利千层面（熟）3片，菠菜适量，西红柿丁
25克，牛绞肉100克，洋葱末5大匙，蒜末10
克，奶油1小块，奶酪丝100克，香芹末少许

调料
红酱5大匙

做法
❶ 菠菜用铝箔纸包起，放入预热200℃的烤箱
中烤15分钟，取出切碎。
❷ 西红柿丁、蒜末、牛绞肉、洋葱末拌匀，
铺上奶油烤15分钟，加入红酱拌成馅料。
❸ 烤盘放入1片意大利千层面，铺上馅料与菠
菜碎，盖上1片意大利千层面；再铺上馅料
与菠菜碎，盖上意大利千层面，撒上奶酪
丝，放入烤箱中以220℃烤约20分钟，撒
上香芹末即可。

焗丸子螺旋面

材料
猪肉碎300克，西红柿片、洋葱末、奶酪丝各20
克，洋葱片10克，螺旋面120克，蒜末1小匙，
橄榄油少许，高汤200毫升

调料
红酱5大匙

腌料
盐、胡椒粉各1/4小匙，鸡蛋1个，淀粉2大匙

做法
❶ 洋葱末、猪肉碎加入腌料拌匀，挤成小丸
子，将肉丸子放入油锅中，煎至金黄色；
再加入蒜末、洋葱片和西红柿片炒香，加
入高汤和红酱，小火炖煮5分钟，加入煮熟
的螺旋面，盛入烤盅，撒上奶酪丝。
❷ 放入烤箱中，以上火200℃、下火150℃，
烤约8分钟至呈金黄色即可。

匈牙利牛肉面

材料
圆直面150克，牛绞肉80克，洋葱末30克，奶酪丝50克，西红柿丁少许，香芹末少许，橄榄油适量，高汤200毫升

调料
匈牙利红椒粉2大匙，盐1/4小匙

做法
1. 圆直面放入加了少许橄榄油的滚水中煮熟，捞起沥干水分备用。
2. 热锅，炒香洋葱末，放入牛绞肉略炒，再加入圆直面、西红柿丁、高汤与所有调料拌匀，撒上奶酪丝。
3. 将做法2的材料放入烤箱，以上火200℃、下火150℃烤约3分钟至呈金黄色，最后撒上少许香芹末装饰即可。

焗意式肉酱面

材料
蝴蝶面（熟）120克，猪绞肉50克，西红柿丁20克，洋葱末10克，奶酪丝30克，香芹末少许，橄榄油适量，高汤200毫升

调料
综合香料1/2大匙，红酱3大匙

做法
1. 热锅，放入橄榄油，将洋葱末炒香，再加入猪绞肉略炒，再加入西红柿丁、高汤及所有调料以小火炖煮约10分钟。
2. 将做法1的酱汁与蝴蝶面拌匀，撒上奶酪丝，放入已预热的烤箱中，以上火300℃、下火150℃烤约2分钟至表面呈金黄色，最后撒上少许香芹末装饰即可。

焗鸡肉笔管面

材料

笔管面（熟）150克，鸡肉片80克，洋葱末20克，奶酪丝30克，红甜椒末少许，香芹末少许，橄榄油适量，高汤100毫升

调料

青酱2大匙

做法

1. 热油锅，放入鸡肉片、洋葱末略炒，起锅与笔管面一起放入焗烤盘中，再加高汤和青酱拌匀，最后撒上奶酪丝。
2. 放入已预热的烤箱中，以上火200℃、下火150℃烤约2分钟，至表面呈金黄色后取出。
3. 撒上少许红甜椒末、香芹末装饰即可。

焗西西里面

材料

笔管面60克，奶酪丝2大匙，香芹末少许

调料

西西里肉酱3大匙

做法

1. 笔管面在水滚沸时放入，煮约8分钟即捞起备用。
2. 将1/2分量的西西里肉酱放入烤盅内，摆上笔管面，再淋上剩余的西西里肉酱，撒上奶酪丝。
3. 再放入预热好的烤箱，以200℃的温度烤约5分钟至表面呈金黄色，撒上香芹末即可。

鲜虾海鲜千层面

材料

千层面	4片
草虾仁	100克
蛤蜊肉	80克
鲷鱼肉丁	40克
蒜末	10克
洋葱末	40克
奶酪丝	100克
奶酪粉	30克
奶油	40克
高汤	200毫升

调料

盐	适量
红酱	150克
白酒	适量
面粉	适量
鲜奶油	150克

做法

1. 千层面入沸水中煮约6分钟即捞起备用。

2. 奶油入热锅中融化，加入蒜末炒香，放入洋葱末、草虾仁、蛤蜊肉和鲷鱼肉丁及高汤，以小火炒约2分钟，备用。

3. 取一半做法2的海鲜材料与少许盐、红酱、白酒、面粉混合，拌匀即为西红柿海鲜酱。

4. 将做法2其余的海鲜材料与少许盐、鲜奶油、白酒、面粉混合，拌匀即成奶油海鲜酱。

5. 取1片千层面铺开，放入一半的西红柿海鲜酱，再放1片千层面，放入一半的奶油海鲜酱，再重复1次前述做法将材料用完。

6. 撒上奶酪丝及奶酪粉，放入预热好的烤箱内，以200℃的温度烤约10分钟至表面呈金黄色即可。

焗海鲜笔管面

材料
笔管面（熟）80克，蛤蜊20克，墨鱼（切圈）15克，虾仁15克，水100毫升，洋葱末10克，奶酪丝20克，香芹末、橄榄油各适量

调料
鲜奶200毫升，面粉1/2大匙

做法
① 鲜奶与面粉用小火拌匀，备用。
② 热锅，倒入适量橄榄油，炒香洋葱末，再加入蛤蜊与100毫升的水，续加入做法1的汤汁，再加入墨鱼圈、虾仁、笔管面，以小火炒匀至蛤蜊开口后熄火，盛入烤盘中，备用。
③ 表面撒上奶酪丝，放入已预热的烤箱中，以上火200℃烤约2分钟至表面呈金色，撒上香芹末即可。

焗蛤蜊莎莎面

材料
贝壳面（半熟）100克，蒜末10克，蛤蜊10克，冷开水50毫升，罗勒碎15克，奶酪丝、橄榄油各适量

调料
莎莎酱4大匙，盐3克

做法
① 取锅，用少许橄榄油将蒜末爆香后，加入蛤蜊略拌炒，再加入莎莎酱、冷开水和盐拌匀。
② 续加入半熟的贝壳面煨煮至入味，且汤汁略收干，起锅前加入罗勒碎，盛入容器中。
③ 接着撒上奶酪丝，放入已预热的烤箱中，以上火250℃、下火100℃烤5~10分钟至外观略呈金黄色即可。

焗红酱鸡肉面

📋 **材料**

水管面（熟）150克，鸡腿肉丁200克，洋葱丁20克，四棱豆10克，奶酪丝50克，食用油适量

🍶 **调料**

红酱2大匙

📄 **做法**

❶ 取锅，加入少许油烧热，放入洋葱丁、四棱豆和鸡腿肉丁炒香后，加入水管面和红酱，以小火炒匀。

❷ 将炒好的水管面盛入焗烤盅内，撒上奶酪丝。

❸ 放入已预热的烤箱中，以上火200℃、下火150℃，烤约8分钟至表面呈金黄色即可。

焗南瓜鸡肉面

📋 **材料**

螺旋面（熟）150克，鸡腿肉块80克，洋葱丁20克，奶酪丝30克，奶酪粉1大匙，橄榄油适量，高汤100毫升

🍶 **调料**

南瓜泥2大匙，盐少许

📄 **做法**

❶ 取锅，加入少许橄榄油烧热，放入洋葱丁和鸡腿肉块炒熟后，加入螺旋面、高汤和全部调料炒匀。

❷ 将螺旋面盛入焗烤盅内，撒上奶酪丝。

❸ 放入已预热的烤箱中，以上火200℃、下火150℃，烤约6分钟至表面呈金黄色，再撒上适量奶酪粉即可。

焗白酒蛤蜊面

材料
圆直面（半熟）150克，蒜片15克，蛤蜊10颗，白酒50毫升，冷开水75毫升，罗勒碎15克，奶酪丝、橄榄油各适量

调料
盐5克，胡椒粉适量

做法
1. 取锅，用少许橄榄油将蒜片爆香后，先加入白酒与蛤蜊略翻炒，再加入盐、胡椒粉和冷开水拌炒。
2. 续加入半熟的圆直面煨煮至入味，且汤汁略收干，起锅前加入罗勒碎，盛入容器中。
3. 接着撒上奶酪丝，放入已预热的烤箱中，以上火250℃、下火100℃烤5~10分钟至外观略呈金黄色即可。

焗海鲜面

材料
圆直面（熟）200克，橄榄油1大匙，墨鱼50克，蛤蜊100克，鲷鱼肉50克，鲜虾10只，蒜末3克，高汤200毫升，奶酪丝150克

调料
红酱4大匙，白酒1大匙

做法
1. 墨鱼洗净切圈；蛤蜊入水中吐沙；鲷鱼肉洗净切小片；鲜虾去壳，去虾线，洗净留头尾。将所有海鲜汆烫至熟备用。
2. 热锅，倒橄榄油，放入蒜末炒香，放入海鲜拌炒，倒入白酒转大火让酒精挥发。
3. 放入熟圆直面，转中火加入红酱、高汤拌炒均匀后，倒入烤盘中，并在盘上铺上1层奶酪丝，放入已预热180℃的烤箱中，烤10~15分钟即可。

玉米鲔鱼焗面

材料
玉米粒50克，鲔鱼（罐头）100克，水管面150克，奶酪丝30克，橄榄油适量

调料
白酱2大匙

做法
1 水管面放入加了少许橄榄油的滚水中氽烫至熟，捞起沥干水分。
2 将玉米粒、鲔鱼（罐头）及白酱拌匀，淋在水管面上，再撒上奶酪丝。
3 将做法2中的材料放入烤箱中，以上火250℃、下火150℃烤约2分钟至呈金黄色即可。

焗海鲜水管面

材料
水管面（熟）100克，蟹肉棒5根，鲷鱼70克，洋葱1/3个，胡萝卜1/5根，奶酪丝50克，橄榄油1大匙

调料
白酱5大匙，盐少许，黑胡椒粉少许，水适量

做法
1 洋葱洗净切丝；胡萝卜洗净切成丁；鲷鱼洗净切成块，备用。
2 取炒锅，先加入1大匙橄榄油，然后放入洋葱丝和胡萝卜丁炒软；接着放入白酱，煮匀后加入鱼块、蟹肉棒和其余调料，拌煮均匀后再加入熟水管面拌匀。
3 取烤皿，放入做法2的材料，再于表面均匀地撒上奶酪丝，接着放入预热好的烤箱中，以200℃烤约10分钟即可。

焗鲭鱼水管面

材料
水管面150克，鲭鱼（罐头）80克，洋葱丝30克，奶酪丝50克，橄榄油适量，高汤100毫升

调料
红酱3大匙，盐1/4小匙

做法
1. 将水管面放入加了少许橄榄油的滚水中氽烫至熟，捞起沥干水分备用。
2. 热锅入油，炒香洋葱丝、鲭鱼并加入高汤及所有调料，淋在水管面上拌匀，再撒上奶酪丝。
3. 将做法2的材料放入烤箱，以上火250℃、下火150℃烤约2分钟至呈金黄色即可。

焗海鲜螺旋面

材料
综合海鲜（熟）200克，螺旋面（熟）150克，奶酪丝50克，洋葱丁20克，香芹末少许，高汤100毫升，食用油适量

调料
红酱3大匙，盐1/4小匙

做法
1. 热油锅，炒香洋葱丁，放入综合海鲜、高汤与所有调料拌匀。
2. 将做法1的材料淋在煮熟的螺旋面上，再撒上奶酪丝，一起放入烤箱以上火250℃、下火150℃烤约2分钟至表面呈金黄色取出，最后撒上少许香芹末装饰即可。

焗奶油蛤蜊面

材料

笔管面（熟）200克，橄榄油1大匙，蒜末3克，洋葱末30克，蛤蜊150克，奶酪丝100克，高汤100毫升，迷迭香少许

调料

白酱2大匙，盐1小匙，白酒1大匙

做法

1. 热锅，倒入橄榄油，放入蒜末炒香，再放入洋葱末炒软，倒入蛤蜊略炒一下，再加入白酒和盐后，转大火炒至蛤蜊开口。

2. 将熟笔管面、高汤及白酱倒入锅中炒匀，倒入烤盘，再铺上1层奶酪丝。

3. 放入预热至180℃的烤箱中，烤10~15分钟，最后装饰迷迭香即可。

焗培根蛤蜊面

材料

水管面（熟）200克，培根50克，芦笋50克，橄榄油1大匙，蛤蜊200克，蒜末3克，洋葱末50克，奶酪丝100克，高汤100毫升

调料

红酱2大匙，盐1小匙，白酒1大匙

做法

1. 培根切丝；芦笋洗净切小段，余烫至熟，备用。

2. 热锅，倒入橄榄油，加入蒜末炒香，再加入洋葱末炒软，加入培根丝、蛤蜊、白酒、盐炒香。

3. 再加入熟水管面、红酱、高汤拌炒，熄火加入芦笋段拌匀，倒入烤盘，再撒上1层奶酪丝，放入预热180℃的烤箱中，烤10~15分钟即可。

焗墨鱼水管面

材料
水管面（熟）120克，墨鱼80克，洋葱丁20克，红甜椒丁20克，奶酪丝30克，橄榄油适量，高汤100毫升

调料
青酱2大匙

做法
❶ 取锅，加入少许橄榄油烧热，放入洋葱丁炒香后，加入墨鱼、水管面、高汤和青酱炒匀后，再放入红甜椒丁炒匀。
❷ 将做法1的水管面盛入焗烤盅内，撒上奶酪丝。
❸ 放入已预热的烤箱中，以上火200℃、下火150℃烤约6分钟至表面呈金黄色即可。

焗咖喱鲜虾面

材料
水管面（熟）150克，鲜虾（熟）7只，洋葱丁30克，小黄瓜片7片，奶酪丝50克，橄榄油适量，高汤100毫升

调料
咖喱1块，盐1/4小匙

做法
❶ 取锅，加入少许橄榄油烧热，放入洋葱丁炒香后，加入鲜虾、水管面、小黄瓜片、高汤和全部调料炒匀。
❷ 将做法1中的材料盛入焗烤盅内，撒上奶酪丝。
❸ 放入已预热的烤箱中，以上火250℃、下火150℃烤约6分钟至表面呈金黄色即可。

焗南瓜鲜虾面

■ 材料
宽扁面（熟）200克，南瓜150克，鲜虾10只，
橄榄油1大匙，蒜末5克，洋葱末50克，高汤200
毫升，奶酪丝100克

■ 调料
茄汁肉酱4大匙

■ 做法
1. 南瓜连皮切薄片；鲜虾去壳、去虾线，留
   头尾后，洗净放入滚水中汆烫至熟备用。
2. 热锅，倒入橄榄油，放入蒜末炒香，加入
   洋葱末炒软，再加入南瓜片略煎一下，
   将熟宽扁面及茄汁肉酱、高汤放入锅中
   拌炒。
3. 再倒入烤盘中，铺上鲜虾，撒上1层奶酪
   丝，放入预热180℃的烤箱中，烤至表面呈
   金黄色即可。

焗蟹肉芦笋面

■ 材料
水管面（熟）120克，蟹腿肉50克，蒜片2克，
洋葱丁30克，芦笋片30克，奶酪丝50克，橄榄
油适量，高汤100毫升

■ 调料
白酱2大匙

■ 做法
1. 取锅，加入少许橄榄油烧热，放入蒜片和
   洋葱丁炒香后，加入蟹腿肉、高汤和白酱
   以小火炒匀后，再放入芦笋片和水管面
   炒匀。
2. 将做法1的水管面盛入焗烤盅内，撒上奶
   酪丝。
3. 放入已预热的烤箱中，以上火200℃、下火
   150℃烤约6分钟至表面呈金黄色即可。

焗蒜辣番茄面

材料
三色蔬菜螺旋面（半熟）150克，蒜片30克，红辣椒片15克，鸡高汤50毫升，西红柿丁、奶酪丝、橄榄油各适量

调料
红酱60克，胡椒粉1小匙，盐1小匙，番茄酱30克

做法
❶ 取锅，用少许橄榄油将蒜片和红辣椒片炒香。

❷ 加入红酱、番茄酱、胡椒粉、盐和鸡高汤混合拌匀后先煨煮，放入半熟的三色蔬菜螺旋面煨煮至汤汁略收干，盛入容器中。

❸ 撒上奶酪丝和西红柿丁，放入已预热的烤箱中，以上火250℃、下火100℃烤5~10分钟至外观略呈金黄色即可。

焗田园蔬菜面

材料
水管面（熟）120克，洋葱块20克，香菇块20克，南瓜块（熟）50克，胡萝卜块（熟）20克，玉米粒10克，甜豆荚（熟）30克，奶酪丝50克，橄榄油适量

调料
白酱2大匙

做法
❶ 取锅，加入少许橄榄油烧热，放入洋葱块和香菇块以小火炒香后，加入南瓜块、胡萝卜块、玉米粒、甜豆荚、水管面和白酱，以小火炒匀。

❷ 将做法1的水管面盛入焗烤盅内，撒上奶酪丝。

❸ 放入已预热的烤箱中，以上火200℃、下火150℃烤约6分钟至表面呈金黄色即可。

焗奶香白酱面

材料
笔管面（半熟）100克，牛奶100毫升，奶酪块30克，奶酪粉10克，动物性鲜奶油15克，奶酪丝适量

调料
盐5克，白酱30克

做法
❶ 将牛奶和奶酪块加热至奶酪块无颗粒。
❷ 再加入半熟笔管面煨煮后，加入奶酪粉、动物性鲜奶油、盐和白酱拌匀，盛入盘中。
❸ 接着撒上奶酪丝，放入已预热的烤箱中，以上火250℃、下火100℃烤5~10分钟至外观略呈金黄色即可。

焗青酱三色面

材料
三色蔬菜螺旋面（熟）133克，土豆泥、罗勒丝、奶酪丝、面包粉各适量

调料
青酱2大匙

做法
❶ 将三色蔬菜螺旋面和青酱混合拌匀，盛入容器中备用。
❷ 接着挤上土豆泥，撒上奶酪丝、面包粉和罗勒丝。
❸ 放入已预热的烤箱中，以上火250℃、下火100℃烤5~10分钟至外观略呈金黄色，放上罗勒叶（材料外）装饰即可。

焗西蓝花面

材料

笔管面（熟）100克，西蓝花1棵，西红柿丁150克，橄榄油2大匙，水适量，奶酪丝适量

调料

盐少许，黑胡椒粉少许，意大利综合香料1小匙

做法

1. 将西蓝花洗净修成小朵，再放入滚水中略汆烫，再捞起沥干。
2. 取一个容器，加入笔管面、西蓝花、西红柿丁、橄榄油、水与所有调料，再混合搅拌均匀备用。
3. 取一个烤皿，将做法2搅拌好的所有材料一起加入，撒入奶酪丝，再放入预热至200℃的烤箱中，约烤10分钟至表面上色即可。

焗菇味千层面

材料

菠菜千层面2片，什锦菇150克，洋葱末30克，奶酪丝50克，高汤300毫升，橄榄油少许

调料

咖喱块30克

做法

1. 菠菜千层面放入加了少许橄榄油的滚水中汆烫至熟，捞起沥干水分；什锦菇洗净切丝或小朵，备用。
2. 热油锅，放入什锦菇、洋葱末炒香，加入高汤和咖喱块拌匀。
3. 先将做法1的1片千层面置于烤盘底，再淋上1/2做法2的材料，撒上1/2奶酪丝，再重复1次动作将材料用完后，放入烤箱以上火250℃、下火150℃烤约2分钟至呈金黄色即可。

奶油焗烤千层面

材料

千层面	3片
鲷鱼	60克
墨鱼	40克
虾仁	4只
蒜末	10克
洋葱末	15克
白酒	15毫升
奶油	10克
菠菜	10克
奶酪丝	70克
香芹末	1小匙
食用油	适量
罗勒	少许

调料

| 白酱 | 60克 |

做法

1. 先取一锅水煮沸，放入千层面煮约5分钟至8分熟，捞起泡水备用。

2. 鲷鱼、墨鱼洗净切片；虾仁去虾线洗净；罗勒、菠菜洗净，备用，另外将烤箱调至220℃预热备用。

3. 热锅，放入食用油爆香蒜末、洋葱末，再放入鲷鱼片、墨鱼片、虾仁，以中火炒1~2分钟，淋上白酒并放入少许白酱，转小火稍微煮1分钟，起锅备用。

4. 另取一深盘，以奶油涂匀盘底，倒入1层白酱、1层8分熟的千层面皮、1层奶酪丝，铺上1/3的海鲜料。

5. 依照上一步骤顺序重复1次，再放1层新鲜菠菜，倒入1层白酱抹匀，覆上第3层面皮将剩余白酱淋在叠好的千层面上，撒满奶酪丝，放入220℃的烤箱烤约5分钟后取出，撒上香芹末，装饰罗勒即可。

焗海鲜菠菜面

📋 **材料**
菠菜千层面（熟）2片，综合海鲜200克，洋葱丁20克，奶酪丝50克，香芹末少许，橄榄油适量

🧂 **调料**
白酱3大匙

🍲 **做法**
① 综合海鲜放入滚水中汆烫至熟，备用。
② 热锅，放入橄榄油，炒香洋葱丁，加入综合海鲜与白酱一起拌匀。
③ 先将1片千层面置于烤盘底，再淋上1/2做法2的材料，撒上1/2奶酪丝，再重复1次动作将材料用完后，放入烤箱以上火250℃、下火150℃烤约2分钟至表面呈金黄色即可。
④ 最后撒上少许香芹末装饰即可。

奶酪千层面

📋 **材料**
意大利面皮（熟）9片，鲜奶油3大匙，奶酪粉3大匙，奶酪丝150克，橄榄油适量

🧂 **调料**
茄汁肉酱适量

🍲 **做法**
① 用刷子在深烤盘表面涂上1层橄榄油备用。
② 取3片意大利面皮平铺在烤盘底部。
③ 将茄汁肉酱淋在意大利面皮上，再依序淋上1大匙鲜奶油、奶酪粉，再铺上2片面皮，重复以上动作共3次。
④ 最后撒1层奶酪丝即为半成品的千层面。
⑤ 预热烤箱至180℃，将半成品的千层面放入烤箱中，烤10~15分钟即可。